Christoph Benz

Qualitätsplanung

Operative Umsetzung strategischer Ziele

HANSER

Inhalt

Wegweiser

Dieses Buch wendet sich an Praktiker. Die folgenden drei Symbole führen Sie schnell zum Ziel:

 Dieses Symbol markiert **Anwendungstipps**: Hier erfahren Sie, wie Sie bei der Umsetzung am besten vorgehen.

 Hier geben wir Ihnen **Praxisbeispiele**, die zeigen, wie die Thematik von anderen konkret umgesetzt wird.

 Wo Sie dieses Symbol sehen, weisen wir Sie auf **Hürden und Hindernisse** hin, die einer Umsetzung erfahrungsgemäß oft im Weg stehen.

1 Operative Umsetzung strategischer Ziele

Planung bedeutet, über ein Modell der Zukunft zu verfügen. Qualitätsplanung ist der Teil dieses Modells, in dem simuliert wird, wie der Grad der Erfüllung von Kundenforderungen zur Erreichung der Gesamtziele des Unternehmens beiträgt. Erfolgreiche Qualitätsplanung setzt voraus, dass geklärt ist, welche Art von Leistungen das Unternehmen offerieren will und welche Kunden mit diesen Leistungen angesprochen werden sollen. Deshalb müssen am Beginn eines Pocket-Power-Bands zum Thema „Qualitätsplanung" zunächst mögliche strategische Ausrichtungen aufgezeigt werden.

1.1 Drei Wege zum Erfolg

WORUM GEHT ES?

Warum sind manche Unternehmen über viele Jahre hinweg erfolgreich, während deren Konkurrenten scheitern? Untersuchungen haben gezeigt, dass es vor allem die grundsätzliche strategische Ausrichtung eines Unternehmens ist, welche über Erfolg oder Misserfolg entscheidet [BUZZELL 1989]. Das heißt, dass Unternehmen, welche sich auf bestimmte Produktgruppen, Kunden- oder Marktsegmente konzentrieren, auf Dauer jenen überlegen sind, welche versuchen, mittels eines sehr breiten Leistungsspektrums auf allen möglichen Märkten präsent zu sein und sämtliche Kundenwünsche zu bedienen. Tatsächlich existieren nur drei Grundtypen von Wettbewerbsstrategien, welche Erfolg versprechend sind [PORTER 1999].

1.1.1 Differenzierungsstrategie

Ein Unternehmen, das eine Differenzierungsstrategie verfolgt, grenzt sich durch die Art der angebotenen Leistungen vom Wettbewerb ab. Dies zeigt sich z. B. in ausgezeichneter Funktionalität und/oder Haltbarkeit der Produkte oder in hervorragendem Kundenservice. Die Leistungen von Unternehmen, welche die Differenzierungsvariante verfolgen, sind jenen von Wettbewerbern in einem oder mehreren Aspekten überlegen. Je spezifischer sich diese Überlegenheit zeigt, desto weniger Kunden werden angesprochen. Die resultierende Kundenbasis ist jedoch in der Regel bereit, für das Mehr an Leistung, welches vom Unternehmen offeriert wird, entsprechend mehr zu bezahlen. Dieser Preisaufschlag – verglichen mit dem Durchschnittspreis für eine Standardleistung im entsprechenden Markt – gibt dem Unternehmen die finan-

> **Porsche und BMW**
> **„Aus Freude am Fahren"**
>
> Beide Automobilhersteller differenzieren sich sehr erfolgreich, indem sie Sportlichkeit und Exklusivität ihrer Produkte betonen und bewusst Einschränkungen in der Alltagstauglichkeit der von ihnen angebotenen Fahrzeuge hinnehmen. Porsche möchte in der Öffentlichkeit als Hersteller von Sportwagen wahrgenommen werden und bedient ein sehr schmales Marktsegment. Dort ist das Unternehmen nur in geringem Maße der Konkurrenz ausgesetzt und erwirtschaftet ausgezeichnete Renditen. BMW ist deutlich breiter aufgestellt, differenziert sich jedoch immer noch deutlich von Volumenherstellern wie VW oder Renault. Das – im Vergleich zu Porsche – bei BMW deutlich höhere Absatzvolumen kompensiert den niedrigeren Gewinn pro Fahrzeug, sodass auch dieses Unternehmen als ein erfolgreiches Beispiel für strategische Differenzierung genannt werden kann.

zielle Basis, um weiterhin überdurchschnittliche Leistungen erbringen zu können und eine nachhaltige Rendite zu erwirtschaften.

1.1.2 Kostenführerschaftsstrategie

Die zweite Erfolg versprechende Strategievariante wird als „Kostenführerschaft" bezeichnet. Hintergrund dieser Variante ist, dass – falls sich ein Unternehmen nicht durch überlegene Qualität auszeichnen kann – immer noch die Möglichkeit besteht, sich durch preislich attraktive Angebote einen breiten Kundenkreis zu sichern. Andernfalls würden einige Discounter oder Fast-Food-Ketten schon lange nicht mehr existieren. Damit soll nicht gesagt sein, dass die Qualität des Angebots bei dieser Variante keine Rolle spielen würde: Im Kern geht es darum, qualitativ akzeptable Leistungen zu einem Preis, welcher unter dem der Konkurrenz liegt, anbieten zu können.

In aller Regel gelingt dies nur dann, wenn ein Unternehmen Größenvorteile nutzen kann. Sind dessen Produktionsmengen größer als jene von Konkurrenzunternehmen, verteilen sich die indirekten Kosten (Entwicklung, Marketing, Verwaltung etc.) auf eine größere Anzahl von Produkten – daraus resultieren niedrigere Stückkosten. Damit kann das Unternehmen seine Leistungen zu günstigeren Konditionen als die Konkurrenz anbieten. Eine gelungene Umsetzung der Kostenführerschaftsstrategie führt so in einen sich selbst verstärkenden Kreislauf (Bild 1).

Diese Strategievariante kann nur dann erfolgreich umgesetzt werden, wenn das Unternehmen auf den relevanten Märkten einen signifikant größeren Marktanteil als seine Konkurrenten aufweist.

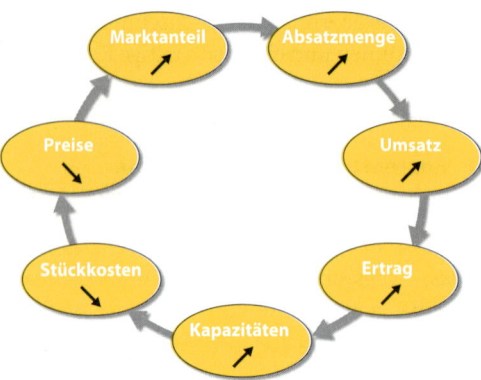

Bild 1: *Prinzip der Kostenführerschaftsstrategie*

Gefahr durch Outpacing

Ein Unternehmen, welches sich als Qualitätsführer in einem bestimmten Markt etabliert hat (also eine Differenzierungsstrategie verfolgt), unterliegt nur in geringem Maße der Gefahr von Konkurrenten, welche die **gleiche** Strategievariante verfolgen, ausgestochen zu werden. Erfolgt der Angriff jedoch von einem Unternehmen, welches bislang eher als Massenhersteller bekannt war – also eine **andere** Strategievariante (nämlich die Strategie der Kostenführerschaft) verfolgte – und dieses Konkurrenzunternehmen durch sich stetig verbessernde Produktqualität in der Lage ist, Nachfrager vom Qualitätsführer abzuziehen, besteht größte Gefahr. **Der Weg vom Qualitätsführer zum Massenhersteller ist nahezu ungangbar**, da die Herstellung hochwertiger Erzeugnisse zwangsläufig mit hohen Strukturkosten verbunden ist, die den Einstieg in den Preiswettbewerb verbieten. **Der umgekehrte Weg (vom Massenhersteller zum Qualitätsführer) ist schon erfolgreich**

beschritten worden. Ein Wechsel der Strategie von Kosten- zu Qualitätsführerschaft oder umgekehrt wird als „Out- pacing" bezeichnet. Ein Beispiel für erfolgreiches Outpacing bietet die japanische Fotoindustrie: Fast alle der ehemals in Deutschland beheimateten Qualitätsunternehmen reagier- ten zu spät auf die aufkeimende Konkurrenz durch bislang nur als Billiganbieter wahrgenommene fernöstliche Herstel- ler.

1.1.3 Nischenstrategie

Zweifellos gibt es Unternehmen, die weder die Kostenfüh- rerschaft in einem bestimmten Segment innehaben noch branchenweit als Qualitätsführer bekannt sind, und die den- noch erfolgreich sind. Diese Unternehmen bewegen sich in klar abgegrenzten Nischenmärkten. Derartige Nischenmärkte lassen sich nach folgenden Kriterien definieren:

▶ **Konzentration auf bestimmte Abnehmergruppen:** Durch die Art der Unternehmenskommunikation, das Auftreten des Personals mit Kundenkontakt, die Gestaltung von Ver- kaufsräumen und Ähnliches kann sich ein Unternehmen auf bestimmte Abnehmergruppen fokussieren. Je nach dem Ambiente, in dem ein Produkt oder eine Dienstleis- tung präsentiert wird, fühlen sich bestimmte Kundengrup- pen angesprochen. So ist beispielsweise im Falle von Textil- boutiquen meist ohne Weiteres bereits von außen erkennbar, auf welche Kundengruppen diese zielen; und ein und die- selbe Jeans kann in einer Nobelboutique ohne Weiteres zu einem Vielfachen des Verkaufspreises abgesetzt werden, der in einem einfachen Geschäft erzielbar wäre.

▶ **Konzentration auf spezielle Produkte:** Zum Beispiel hat ein kleiner Fahrradhersteller, indem er sich auf Spezialmodelle (z. B. Senioren- oder Behindertenräder) fokussiert, die Chance, der Konkurrenz zu entgehen. Das angepeilte Marktsegment ist für die Großen der Branche uninteressant, da die dort erzielbaren Umsätze für einen Vollsortimenter zu niedrig sind. Es bietet jedoch einem kleinen Anbieter die Chance, mit in ihrer Art einzigartigen Produkten überdurchschnittliche Renditen zu erzielen.

▶ **Konzentration auf geografisch abgegrenzte Märkte:** Gegenden, die aufwendig zu erreichen sind (Inseln, Bergtäler) oder in denen wenig gebräuchliche Sprachen benutzt werden, stellen ideale Nischenmärkte für lokale Anbieter dar. Der lokale Anbieter ist bereits vor Ort und/oder steht keiner Sprachbarriere gegenüber. Damit lohnt sich für ihn die Bearbeitung dieser Marktsegmente, die für überregional tätige Unternehmen nur mit nicht vertretbarem Aufwand möglich wäre.

Natürlich sind diese Kriterien zur Definition von Nischenmärkten nicht überschneidungsfrei: Bestimmte Abnehmergruppen verlangen oft nach speziellen Produkten, und diese Abnehmergruppen können durchaus auch nur in bestimmten geografischen Regionen beheimatet sein. Untersucht man Unternehmen, die in Nischenmärkten beheimatet sind, tritt zutage, dass auch dort auf Dauer nur jene Unternehmen Erfolg haben, die **innerhalb der Nische** entweder eine mit der Kostenführerschaft vergleichbare Position innehaben oder die sich innerhalb der Nische durch besonders kundenorientierte Leistungen auszeichnen. Eine Nischenstrategie, wie sie für die meisten kleinen und mittelständischen Unternehmen angezeigt ist, zeichnet sich dadurch aus, dass das Unternehmen eine eindeutige Entscheidung bezüglich der Fokussierung der unternehmerischen Ressourcen auf ein bestimmtes

Kunden-/Produkt- oder geografisches Segment getroffen hat. **Dies entbindet das Unternehmen jedoch nicht davon, sich eindeutig für oder gegen die Differenzierungs- bzw. Kostenführerschaftsvariante zu entscheiden.** Die Nischenstrategie stellt nur einen – durch die Fokussierung des vom Unternehmen zu bearbeitenden Marktes ausgezeichneten – Sonderfall der beiden erstgenannten Strategievarianten dar. Deshalb wird die Nischenstrategie im vorliegenden Pocket-Power-Band nicht mehr explizit angesprochen.

WAS BRINGT ES?

Seit den frühen 1960er-Jahren werden, ausgehend von einem Forschungsprojekt bei General Electric, systematisch Unternehmensdaten gesammelt [Buzzell 1989]. Dieses sogenannte PIMS-Programm (PIMS = Profit Impact of Market Strategies) beinhaltet mittlerweile die Daten mehrerer Tausend in unterschiedlichen Märkten und Regionen tätiger Geschäftseinheiten. Die vorliegenden Daten zeigen eindeutig, dass Unternehmen entweder einen sehr hohen relativen Marktanteil aufweisen oder Leistungen von überdurchschnittlicher Qualität anbieten müssen, um auf Dauer Erfolg haben zu können. Unternehmen, die sich nicht eindeutig für eine der beiden Strategievarianten entscheiden, schneiden im Vergleich der Geschäftszahlen regelmäßig schlechter ab. Das bedeutet auf lange Sicht Schwierigkeiten bei der Beschaffung von Kapital und Arbeitskräften und kann bis zur Gefährdung der Existenz der Unternehmen führen.

„Stuck in the middle"

Eine Situation, in der sich ein Unternehmen weder eindeutig als Qualitätsführer etabliert hat noch eine günstige Kostenposition innehat, wird als „stuck in the middle" bezeichnet. Ein Beispiel für diese ungünstige Position bietet der ehemals deutsche Kamerahersteller Rollei. Als dieses als Hersteller von Qualitätsprodukten etablierte Unternehmen durch die Angriffe japanischer Hersteller unter Druck geriet, wurde dem durch die Verlagerung der Produktion nach Singapur begegnet. Die Folge war, dass aufgrund von Schwierigkeiten mit der Qualität der produzierten Kameras die erwarteten Kostenvorteile nicht realisiert werden konnten und das Unternehmen in Liquiditätsschwierigkeiten geriet [STEINMANN 2000].

Bildung strategischer Geschäftseinheiten

Für größere Unternehmen, welche unterschiedliche Zielgruppen bedienen, ist es vorteilhaft, mehrere strategische Geschäftseinheiten zu bilden. Diese Geschäftseinheiten bedienen jeweils eigene Marktsegmente mit spezifischen, auf diese Segmente zugeschnittenen Leistungen. Das A und O bei der Bildung unterschiedlicher Geschäftseinheiten ist, dass diese auch vom Kunden als verschieden wahrgenommen werden: So führt z. B. Bosch in seiner Sparte für Elektro-Handwerkzeuge eine grüne und eine blaue Reihe. Dabei unterscheiden sich die Reihen nicht nur in der Gehäusefarbe: Die grüne – auf Heimwerker zugeschnittene – Reihe kommt über Baumärkte, Discounter etc. in den Handel und wird entsprechend in Massenmedien beworben, während die Geräte der blauen – auf professionelle Handwerker zugeschnittenen – Reihe ausschließlich in Fachgeschäften erhältlich sind und in der Regel im Rahmen von Verkaufsgesprächen offeriert werden.

WIE GEHE ICH VOR?

Um die Entscheidung bezüglich der Ausrichtung eines Unternehmens auf Kostenführerschaft oder Differenzierung treffen zu können, sind eine Reihe von Entscheidungen der Unternehmensführung erforderlich:

▶ Der **Geschäftszweck** (**Business Mission**) des Unternehmens ist festzulegen. Dies geschieht am besten in einem einfachen und klaren Satz, wie z.B.: „Wir sind ein EDV-Dienstleister, der seine Kunden in der Erledigung ihrer Kernaufgaben unterstützt, indem wir die dazu notwendige Hard- und Software zur Verfügung stellen." Die eindeutige Festlegung eines Geschäftszwecks fokussiert die Ressourcen des Unternehmens von vornherein auf die Lösung definierter Kundenprobleme. Der Geschäftszweck sollte so formuliert werden, dass in absehbarer Zeit keine Änderungen notwendig werden.

▶ Definition von **Zielkundensegmenten**. Ein oder mehrere Zielkundengruppen sind zu definieren. Die Segmente sind so zu beschreiben, dass sie sich eindeutig abgrenzen lassen. Zum Beispiel: „Wir bedienen ausschließlich professionelle Anwender im Raum Süddeutschland."

▶ Mit der Definition von Zielkundensegmenten sind die relevanten Märkte für das Unternehmen festgelegt. Damit kann im Rahmen einer **Markt- und Wettbewerbsanalyse** die Bestimmung des Status quo vorgenommen werden: „In einem Markt, der von zwei großen Anbietern dominiert wird, sind wir einer von ca. 100 Kleinanbietern. Preislich liegen wir im Mittelfeld."

▶ Im Rahmen einer **Unternehmensanalyse** ist festzustellen, was das Unternehmen vor seinen Konkurrenten auszeichnet und wo Schwachpunkte liegen: „Wir konnten bislang unsere Stellung am Markt vor allem deshalb behaupten, weil unsere Kunden die persönliche Betreuung durch unsere Support-Mitarbeiter schätzen. Unsere derzeitige Ertragslage erlaubt es jedoch nicht, wirkliche Spitzenkräfte für unseren Kundensupport zu akquirieren."

▶ **Strategieentscheidung**. Welche **Kernkompetenzen**, d.h., welche wertschöpfenden, von der Konkurrenz nur schwer imitierbaren Fähigkeiten will das Unternehmen erhalten bzw. aufbauen? Wenn die Analyse die Möglichkeit aufgezeigt hat, in absehbarer Zeit die Kostenführerschaft zu erreichen, werden diese Kernkompetenzen eher in der Beherrschung von logistischen Abläufen liegen, andernfalls gilt es die Ressourcen des Unternehmens auf die Generierung einzigartigen Kundennutzens hin zu fokussieren. Beispiel: „Wir unterscheiden uns von Konkurrenzunternehmen dadurch, dass wir jeden Kunden individuell durch maximal zwei Supportmitarbeiter betreuen. Wir arbeiten nur mit Mitarbeitern, welche in der Nähe der Kunden beheimatet sind und mit deren Sprache und Mentalität vertraut sind."

Kundennutzen identifizieren

Bei der Formulierung des Geschäftszwecks ist es sinnvoll, vom Kundennutzen her zu denken. Die Formulierung „Wir helfen unseren Kunden, leicht verderbliche Waren über größere Distanzen zu transportieren" lässt möglichen innovativen Lösungen einen wesentlich größeren Spielraum als: „Wir sind ein auf Tiefkühlkost spezialisiertes Lkw-Frachtunternehmen." Große Sprünge – egal ob in Richtung Kostenoptimierung/Prozesseffizienz oder in Richtung Steigerung des Kundennutzens – lassen sich in aller Regel nicht ohne tief greifende Veränderungen erreichen.

„Strategy is to decide what *not* to do"

Viele Unternehmen verfolgen intuitiv eine der oben dargestellten Strategievarianten, ohne dass dies irgendwo im Unternehmen festgehalten wäre. Ab einer gewissen Unternehmensgröße wird es jedoch zunehmend wichtig, die vom Unternehmen langfristig verfolgten Ziele zu kommunizieren. Eher unverbindliche Absichtserklärungen taugen dazu weniger als das Setzen von eindeutigen Grenzen. Porter [1999] sagt: „Strategy is to decide what **not** to do." Die Formulierung „Wir sehen uns als Partner des lokalen Mittelstands" trägt in weit geringerem Maße zur Profilbildung des Unternehmens bei als: „Wir bedienen grundsätzlich keine Auslandskunden."

1.2 Strategieumsetzung mit der Balanced Scorecard

WORUM GEHT ES?

Oft sind Stabsstellen oder externe Berater mit der Erarbeitung von Unternehmensstrategien befasst. Das Ergebnis dieses Prozesses wird dann vom Management abgesegnet – und verschwindet in einer Schublade, bis nach einigen Jahren eine neue Strategie in Auftrag gegeben wird, da sich die alte als nicht praktikabel erwiesen hat.

Um diesen Zyklus zu durchbrechen und die strategische Planung näher an die operative Realisierung anzubinden, wurde Anfang der 1990er-Jahre von Kaplan und Norton der Balanced-Scorecard-Prozess entwickelt [KAPLAN 1992]. Dabei handelt es sich um ein systematisches Vorgehen zur Umsetzung der strategischen Ziele in vier Stufen, das in der Zwischenzeit weltweit Verbreitung gefunden hat.

WAS BRINGT ES?

Durch den Einsatz der Balanced Scorecard wird der Strategieprozess jedes Unternehmens verbessert. Die Balanced Scorecard optimiert die Kommunikation im Unternehmen, indem strategische **Ziele eindeutig definiert** werden. Die **Verantwortlichkeiten für die Zielerreichung** sind festgelegt und ein **Controllingsystem** ist installiert. Operative und strategische Ziele sind verknüpft, und die Verbindung zwischen strategischer Planung und **Budgetierung** ist gegeben.

WIE GEHE ICH VOR?

Der Balanced-Scorecard-Prozess läuft standardmäßig in einem vierstufigen Regelkreis ab (Bild 2):

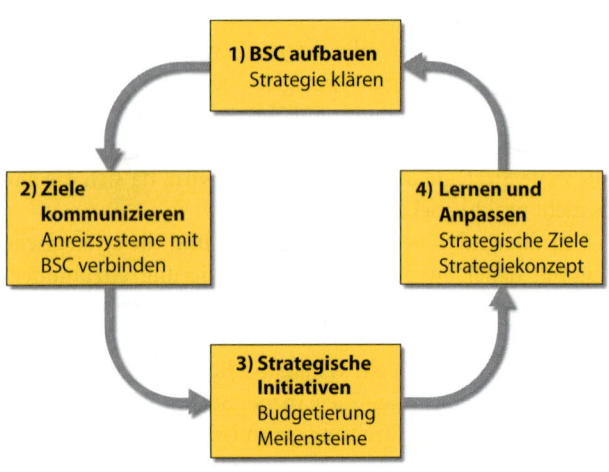

Bild 2: *BSC-Prozess*

▶ **Quantifizierung strategischer Ziele:** Die strategischen Ziele des Unternehmens sind in messbaren Größen zu beschreiben. Dazu hat es sich etabliert, Zielgrößen für ca. 20 Kennzahlen, gegliedert in vier Perspektiven (Finanzen, Kunden, Prozesse, Lernen & Entwicklung) zu definieren. Dieses Strategiecockpit wird als Balanced Scorecard (BSC, Bild 3) bezeichnet. Beim Aufbau einer BSC ist auf einen ausgewogenen Mix zwischen vorlaufenden und nachlaufenden, finanziellen und nicht finanziellen sowie regelmäßig nach außen kommunizierten bzw. rein internen Kennzahlen zu achten.

▶ **Kommunikation der Ziele:** Für jede definierte Kennzahl ist festzulegen, welcher Bereich die Verantwortung für die Zielerreichung trägt. Dies kann durch einfache Zuord-

Bild 3: *Balanced Scorecard*

nung geschehen (so kann z. B. einer Einkaufsabteilung die Verantwortung für die Verbesserung der Beschaffungslogistik übertragen werden) oder ein weiteres Aufsplittern der Zielgröße erfordern (z. B. müssen die Beiträge verschiedener Sparten zur Erreichung eines Gesamtumsatzziels definiert werden).

▶ **Strategische Initiativen:** Da die einzelnen Bereiche in der Regel nicht ohne Weiteres in der Lage sein werden, die BSC-Zielvorgaben zu erreichen, werden dazu Projektvorschläge (sogenannte strategische Initiativen) eingebracht, die im Zuge der Budgetierung mit Priorität zu behandeln sind. Inhalt dieser Projekte kann z. B. die Entwicklung eines neuen Produkts, die Optimierung von Unternehmensstrukturen, der Aufbau von neuen Absatzmärkten und Ähnliches sein.

▶ **Lernen und Anpassen:** Je nach Erfolg oder Misserfolg der strategischen Initiativen muss entweder die gesamte Strategie neu überdacht werden oder es müssen zusätzliche Anstrengungen zur Erreichung bestimmter strategischer Ziele unternommen werden. Der BSC-Prozess ist so in regelmäßigen zeitlichen Abständen neu zu durchlaufen.

Ausführlich ist die Anwendung der Balanced Scorecard im Pocket-Power-Band 305 beschrieben [PREISSNER 2007].

Ohne Strategie keine BSC

Die Einführung der Balanced Scorecard hat das strategische Controlling in den vergangenen 15 Jahren wesentlich bereichert. Die weite Verbreitung, die das Instrument gefunden hat, führt immer wieder dazu, dass typische Stuck-in-the-middle-Unternehmen versuchen, sich über den Prozess der Einführung einer Balanced Scorecard zu einer strategischen Ausrichtung zu verhelfen. Solche Projekte scheitern regelmäßig. Der in Kapitel 1.1 beschriebene Prozess der Strategie**findung** muss abgeschlossen oder zumindest sehr weit fortgeschritten sein, bevor die Balanced Scorecard als Strategie**umsetzungs**instrument zum Einsatz kommen kann.

1.3 Strategiebaupläne (Strategy Maps)

WORUM GEHT ES?

Eine Strategie ist der Weg, um ein bestimmtes Ziel zu erreichen. Allein mit Formulierungen wie: „Wir wollen uns durch überlegene Qualität am Markt differenzieren" oder „Aufgrund unserer hohen Stückzahlen können wir stets günstiger als die Konkurrenz anbieten" ist dieser Weg noch nicht ausreichend präzise beschrieben. Existiert kein allgemein im Unternehmen akzeptiertes Strategieverständnis, sind Aktivitäten zur Strategieumsetzung wie z.B. der im vorangegangenen Kapitel beschriebene Balanced-Scorecard-Prozess von vornherein zum Scheitern verurteilt. Deshalb muss ein Unternehmen zunächst definieren, wie es mit seinen Leistungen einzigartigen Kundennutzen schaffen will. Daraus leitet sich ab, welche Geschäftsprozesse in besonderem Maße entwickelt werden müssen und welche Fähigkeiten dazu benötigt werden. Kundennutzenmodell, Kernprozesse und Mitarbeiterfähigkeiten müssen in ein schlüssiges Gesamtkonzept münden, das sicherstellt, dass das Unternehmen seine finanziellen Ziele erreichen kann. Zur Darstellung solcher Gesamtkonzepte hat sich in den letzten Jahren die Strategy Map, ein Ursache-Wirkungs-Diagramm, in welchem die wesentlichen strategischen Handlungsparameter über die vier Balanced-Scorecard-Perspektiven hinweg verknüpft werden, etabliert [KAPLAN 2004].

WAS BRINGT ES?

Es ist einfach, auf der Ebene ambitionierter Formulierungen einen scheinbaren Konsens über die strategischen Ziele eines Unternehmens herzustellen. Wer möchte nicht in einem „… international tätigen Hightechunternehmen, welches die Erfüllung der Kundenbedürfnisse stets an die erste Stelle stellt", arbeiten? – Aber schon an der Frage, ob damit gemeint ist, dass das Unternehmen wirklich den Bedürfnissen **aller** seiner Kunden in **vollem** Umfang entsprechen will, oder ob damit nur Hauptkunden mit hohen Umsatzbeiträgen gemeint sind, während kleineren Kunden nur Standardleistungen angeboten werden, scheiden sich meist die Geister.

Die Erarbeitung einer Strategy Map zwingt die Beteiligten, sich derartigen Fragestellungen zu stellen. Strategy Mapping bewirkt eine Verbesserung der Qualität der Unternehmensstrategie in dreifacher Hinsicht:

- ▶ **Herunterbrechen strategischer Ziele:** Dadurch dass in einer Strategy Map nicht nur die angepeilte Wettbewerbsposition beschrieben wird, sondern auch die Konsequenzen dieser Position für die Entwicklung von Geschäftsprozessen und Mitarbeitern aufgezeigt werden, wird die Strategie von der Ebene einer Zielvorstellung auf die Ebene konkreter Maßnahmen heruntergebrochen.
- ▶ **Kommunikation und Konsensherstellung:** Eine Strategy Map kann nur gemeinsam im Managementteam erarbeitet werden. Die Definition von Handlungsparametern für jeden der vier Bereiche: Kunden, Prozesse, Lernen & Ent-

wicklung und Finanzen, zwingt dazu, sich ein Bild über das Zusammenwirken der einzelnen Parameter zu machen und damit Konsens über die Strategie (verstanden als „Weg zum Ziel") zu erreichen.

▶ **Strategiecheck:** Inkonsistenzen im Strategiekonzept treten im Prozess des Strategy Mapping unweigerlich zutage und können so rechtzeitig bereinigt werden.

WIE GEHE ICH VOR?

Die Grundstruktur einer Strategy Map ist in Bild 4 dargestellt. Unternehmensziel ist bei allen gewinnorientierten Unternehmen die langfristige Steigerung des Unternehmenswerts (Shareholder-Value). Zentrale Hebel dazu bilden die Umsatzentwicklung und die Effizienz der betrieblichen Prozesse (Wirtschaftlichkeit).

Umsatzsteigerungen lassen sich nur durch Leistungen, die jenen der Konkurrenz überlegen sind, erzielen. Diese Überlegenheit kann sich entweder in der Leistung selbst äußern (Funktionalität, Qualität oder Preis), oder sie beruht auf zusätzlich geschaffenem Kundennutzen. Zusätzlicher Nutzen kann sich z. B. in der zeitlichen Verfügbarkeit der Leistung, Einflussmöglichkeiten des Kunden auf die Leistungsgestaltung (Partnerschaft) oder immateriellem Zusatznutzen für den Kunden durch das Renommee des Unternehmens (Markenprodukte) zeigen. Diese Nutzenkomponenten müssen durch aktive Gestaltung der Unternehmensprozesse geschaffen werden. Dabei sind in erster Linie Kunden- und Innovationsprozesse zu nennen. Die Wirtschaftlichkeit als zweite zentrale finanzielle Zielgröße wird maßgeblich von den Betriebsprozessen getrieben. Neben der Leistungserstellung selbst – als primärem Unternehmensziel – ist dabei auch der

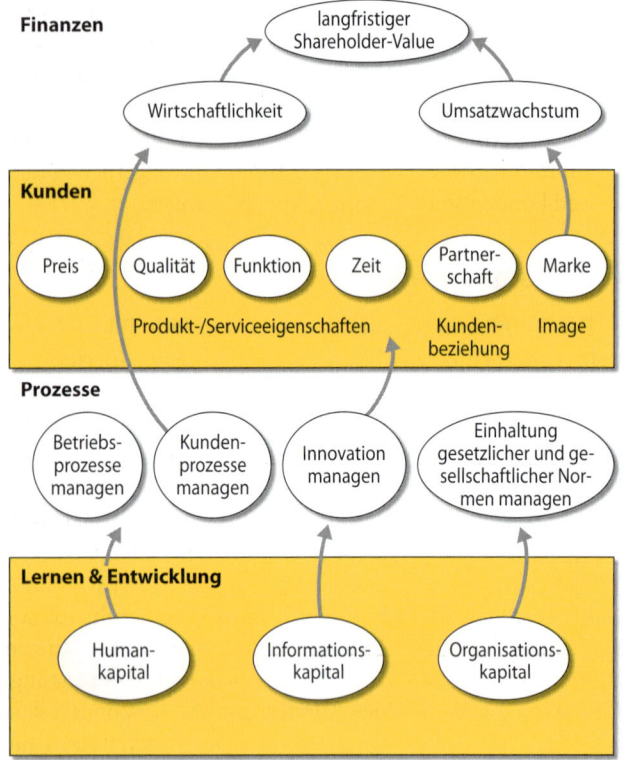

Bild 4: *Grundstruktur einer Strategy Map*

Erfüllung gesetzlicher Auflagen bzw. der Beachtung der Interessen einer zunehmend kritischen Öffentlichkeit Aufmerksamkeit zu schenken.

Basis für die langfristige Weiterentwicklung der Unternehmensprozesse sind neben einer befriedigenden finanziellen

Situation immaterielle Ressourcen, wobei in der Strategy Map die **Fähigkeiten** der Mitarbeiter, **Informationen**, über die das Unternehmen verfügt, und eingespielte **Organisationsstrukturen** explizit angesprochen sind.

Dieses Grundmodell gilt für jedes Unternehmen, jede Branche und jede Strategievariante. Die Kunst des Strategy Mapping besteht darin, auf der Basis dieses Grundmodells die individuelle Unternehmensstrategie zu entwickeln und darzustellen. Dazu sind eine Reihe von Führungskräfteworkshops erforderlich, im Rahmen derer folgende Schritte zu durchlaufen sind:

▶ **Gewichtung der einzelnen Elemente:** Zunächst ist das Grundmodell der Strategy Map mittels Moderationshilfsmitteln (Pinnwand oder Beamer) darzustellen und zu erläutern. Die Grundentscheidung bezüglich Differenzierung oder Kostenführerschaft legt fest, ob für das Unternehmen eher die Maximierung des Kundennutzens oder das Wirtschaftlichkeitsziel im Vordergrund steht. Dementsprechend steigt oder fällt die Bedeutung der einzelnen Elemente der Strategy Map. Im Rahmen der Workshopdiskussion ist Konsens darüber herzustellen, welche Elemente generell **von hoher Bedeutung**, **von Bedeutung** oder **von geringer Bedeutung** für das Unternehmen sind. Elemente von hoher Bedeutung werden entsprechend gekennzeichnet, Elemente von geringer Bedeutung werden nicht weiter berücksichtigt.

▶ **Präzisierung der einzelnen Elemente:** Die Handlungsparameter des Grundmodells sind jetzt der spezifischen Situation des Unternehmens anzupassen. Dazu ist zu überlegen, was unter den einzelnen Elementen im Unternehmen verstanden wird und wie sich Erfolge in der Weiterentwicklung dieser Elemente messen lassen. So wird sich z. B. die Entwicklung des generellen Oberziels „langfristiger Shareholder-Value" nur bei den wenigsten Unternehmen am Börsenkurs verfolgen lassen, deshalb müssen geeignete Zielgrößen (Jahresüberschuss, Free Cashflow etc.) definiert werden. Dabei kann sich ergeben, dass ein in der Grundstruktur definiertes Element durch mehrere neue, dem Unternehmen besser angepasste Elemente ersetzt werden muss. Vor allem im Bereich der Prozesse ist eine präzisere Beschreibung dessen, was als Betriebs-, Kunden- oder Innovationsprozess angesehen wird, nützlich und wünschenswert.

▶ **Erarbeitung der Beziehungen zwischen den Elementen:** Aufgrund der eingangs des Kapitels geschilderten strategischen Zusammenhänge ist es nicht möglich, dass ein Unternehmen in allen Elementen des Grundmodells einzigartige Leistungen hervorbringt. Vielmehr zeigt sich die Qualität einer Strategie darin, dass Leistungen, Prozesse und Ressourcen auf bestimmte, untereinander abgestimmte Ziele hin fokussiert werden. Durch das Einzeichnen von Ursache-Wirkungs-Beziehungen in die Strategy Map erkennt man, ob sich ein geschlossenes Ganzes ergibt.

▶ **Erarbeiten von Zielvorstellungen und Maßgrößen:** Sind die Elemente und Beziehungen der Strategy Map definiert, kann mit dem Balanced-Scorecard-Prozess begonnen werden (siehe Abschnitt 1.2). Durch die Festlegung von kurz- und mittelfristigen Zielwerten für die definierten Maßgrößen wird die Strategy Map zum Aktionsplan.

Da oft erst durch die Darstellung von Beziehungen, Maß- und Zielgrößen klar wird, welche – auch budgetären – Konsequenzen die angepeilte strategische Ausrichtung für einzelne Unternehmensbereiche hat, müssen die genannten Schritte mehrmals iterativ durchlaufen werden, bis ein Ergebnis gefunden ist, hinter dem das gesamte Managementteam steht.

Bild 5 zeigt beispielhaft die Strategy Map eines EDV-Dienstleisters, der entschieden hat, sich am Markt durch besondere Nähe zum Kunden zu differenzieren (vgl. Abschnitt 1.1). Es wird deutlich, dass es vor allem die Entwicklung der Humanressourcen im Bereich „Mitarbeiter mit Kundenkontakt" ist, die es dem Unternehmen ermöglicht, auf lange Sicht überdurchschnittliche Einnahmen zu erzielen, obwohl die angebotene Palette an Hard- und Softwarelösungen nicht über den Branchenstandard hinausgeht.

Im Gegensatz dazu ist in Bild 6 die Strategy Map eines Massenherstellers einfachster Produkte für den Alltagsgebrauch (Kugelschreiber, Feuerzeuge etc.) dargestellt. Hier wird die Kostenführerschaftsstrategie verfolgt. Kernelemente sind einerseits die Markenpflege zur Sicherung der hohen Absatzzahlen, und andererseits Produkt- und Produktionstechnologie sowie die Beherrschung der Logistikprozesse weltweit zur Sicherung der Kostenposition. Elemente, die im

---

Measurements

Maßgrößen und **Maßnahmen** werden nicht zufällig mit ein und demselben englischen Wort übersetzt: **Measurements**. Eine Maßgröße, bei der nicht von vornherein klar ist, durch welche Maßnahmen sie sich beeinflussen lässt, ist genauso nutzlos wie Maßnahmen, die nicht dazu beitragen, die in der Strategy Map definierten Unternehmensziele zu erreichen. Vergleiche: „Innovationskraft des Unternehmens" mit „Anzahl neu angemeldeter Patente" oder „Mitarbeiterzufriedenheit" mit „Fluktuationsrate".

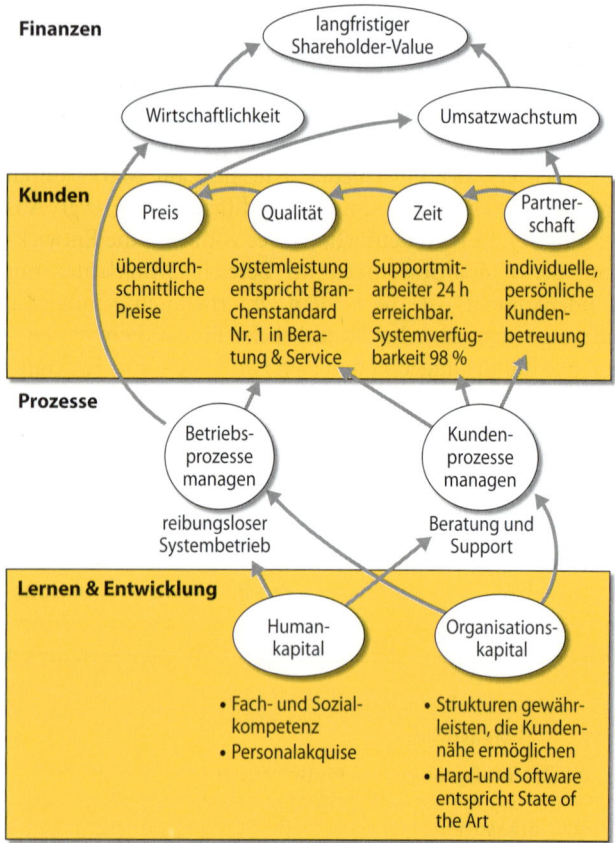

Bild 5: *Beispiel Strategy Map: Differenzierungsstrategie*

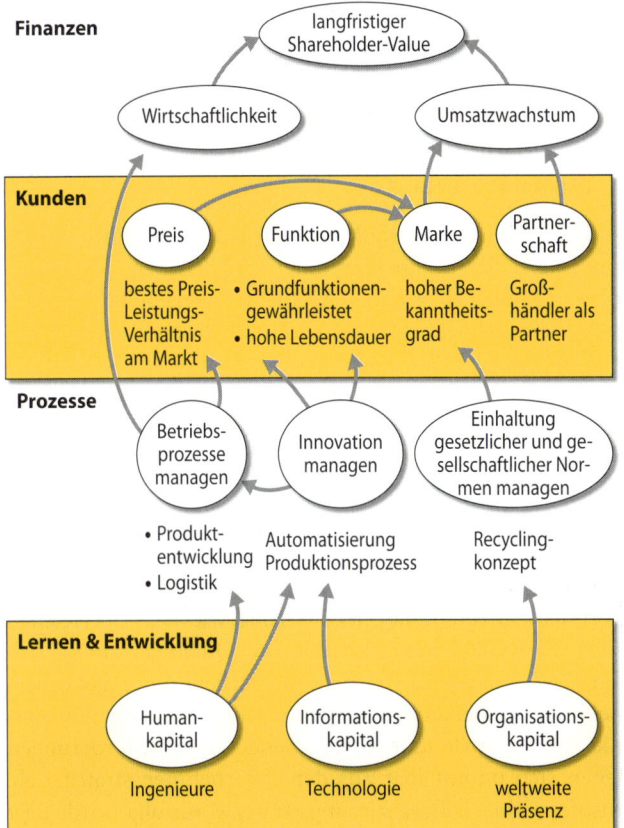

Bild 6: *Beispiel Strategy Map: Kostenführerschaftsstrategie*

vorher geschilderten Fall ohne nennenswerte Relevanz waren (Innovationsprozesse), werden hier zu Schlüsselfaktoren.

1.4 Qualitätsplanungsinstrumente im Strategieprozess

WORUM GEHT ES?

Planung bedeutet, ein Modell für zukünftige Entwicklungen zu erstellen und sich im unternehmerischen Handeln an diesem Modell zu orientieren. Qualität ist nach ISO 9000 die „realisierte Beschaffenheit einer Einheit bezüglich Qualitätsforderung" oder kurz der Grad der Erfüllung von Kundenanforderungen. Dieser Erfüllungsgrad bemisst sich daran, in welchem Maße vereinbarte, erwünschte oder vorausgesetzte Kundenanforderungen durch die Leistungen des Unternehmens befriedigt werden.

Nach ISO 9000 ist Qualitätsplanung ein „Teil des Qualitätsmanagements, gerichtet auf die Festlegung und Erklärung der Qualitätspolitik, der Qualitätsziele und der Qualitätsforderungen sowie auf die Spezifizierung, wie diese zu erreichen sind". Einfacher ausgedrückt bedeutet Qualitätsplanung, sich ein Modell davon zu machen, in welchem Grad das Unternehmen Kundenanforderungen erfüllen will. Qualitätspolitik, Qualitätsziele und entsprechende Qualitätsforderungen leiten sich unmittelbar aus der Unternehmensstrategie ab. Insofern eine Differenzierungsstrategie verfolgt wird, liegt der Schwerpunkt der Qualitätsplanungsaktivitäten auf der Ermittlung von (zukünftigen) Kundenanforderungen und der Realisierung innovativer Produkte; wird die Kostenführerschaft angestrebt, reicht es in der Regel aus, Leistungen anzubieten, welche dem Marktstandard entsprechen. Der Schwerpunkt der Qualitätsplanung liegt in diesem Fall nicht auf der Innovation besonderer Produktfunktionen, sondern im Bereich der Entwicklung von besonders einfach herstellbaren Produkten, effizienten Produktions- und Distributionsprozessen etc.

WAS BRINGT ES?

Zur Umsetzung der strategischen Absichten eines Unternehmens muss das Handeln aller Mitarbeiter entsprechend der strategischen Stoßrichtung koordiniert werden. Dabei ist es wichtig, neben der Implementierung der entsprechenden Zielgrößen (vgl. voriger Abschnitt) auch die entsprechenden Handwerkzeuge zur Umsetzung dieser Ziele zur Verfügung zu stellen. Dies geschieht im Rahmen der Qualitätsplanung, indem je nach Art der Zielgrößen unterschiedliche Planungsinstrumente zur Verwendung gelangen. Diese bieten den beteiligten Personen konkrete Handlungsanweisungen und bestimmen, welche Schritte zu unternehmen sind, um die vorgegebenen Ziele zu erreichen.

 Keine Planung ohne Kontrolle

Kontrolle bedeutet, in geeigneten Zeitabständen Istdaten zu erheben und den entsprechenden Planungen gegenüberzustellen. Zweck der Kontrolle ist die Überprüfung des Arbeitsfortschritts, um gegebenenfalls rechtzeitig Anpassungsmaßnahmen ergreifen zu können. Ohne regelmäßige Kontrollen besteht die Gefahr, dass entweder die geplanten Ziele nicht rechtzeitig erreicht werden oder unrealistische Planungen nicht als solche erkannt und rechtzeitig überarbeitet werden.

Planung ohne Kontrolle ist sinnlos. Kontrolle ohne Planung ist unmöglich und wirkt sich verheerend auf die Arbeitsmotivation aus.

WIE GEHE ICH VOR?

In den folgenden beiden Kapiteln sind die einzelnen Qualitätsplanungsinstrumente dargestellt. Dabei fokussiert das nächste (zweite) Kapitel auf Instrumente zur Umsetzung einer Differenzierungsstrategie. Zentraler Punkt ist dabei die Entwicklung von Leistungen, die sich aus Kundensicht deutlich von jenen der Konkurrenz abheben. Schwerpunkte der Planungsaktivitäten bei dieser Strategievariante sind:

▶ Die **Erhebung von Kundenanforderungen**, um ein möglichst umfassendes Verständnis der Kundenbedürfnisse und der Möglichkeiten des Marktes zu erhalten.

▶ Die **Bewertung von Kundenanforderungen**, um Muss- von Kann-Anforderungen zu trennen und Erfolg versprechende Anforderungsprofile definieren zu können.

▶ Die **Umsetzung von Kundenanforderungen** im Sinne der Bereitstellung von Instrumenten, die den Prozess der Anforderungserfüllung strukturieren.

Das übernächste (dritte) Kapitel hingegen ist jenen Instrumenten gewidmet, die auf Optimierung der Leistungserstellung zielen. Dazu sind folgende Planungsaktivitäten notwendig:

▶ Definition von **Zielkosten**. Die erfolgreiche Umsetzung der Kostenführerschaftsstrategie beruht auf der Bereitstellung qualitativ akzeptabler Leistungen zu günstigen Preisen. Dies ist ohne konsequente Kostenplanung und -kontrolle auf allen Ebenen des Unternehmens nicht möglich.

▶ **Umsetzung von Produktzielkosten** im Sinne der Bereitstellung von Instrumenten zur Senkung der direkt mit der Erzeugung einzelner Leistungen verbundenen Kosten.

▶ **Umsetzung von Prozesszielkosten** im Sinne der Bereitstellung von Instrumenten zur Senkung der Gemeinkosten im Unternehmen.

Bild 7 zeigt die Struktur dieses Pocket-Power-Bands in der Übersicht. Die im zweiten und dritten Kapitel dargestellten

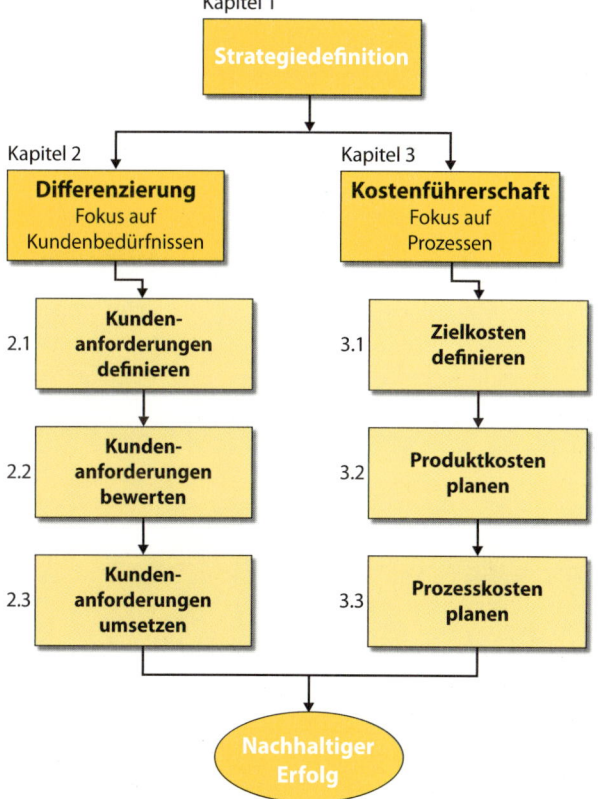

Bild 7: *Übersicht Qualitätsplanung*

Instrumente sind größtenteils nicht neu. Sie stellen den Erfahrungsschatz der letzten 50 Jahre dar und werden bei einer Vielzahl von Unternehmen rund um den Globus erfolgreich eingesetzt. Der Schwerpunkt der Darstellung liegt immer auf dem Abschnitt „Wie gehe ich vor?", d.h., Ziel dieses Bandes ist es, möglichst konkrete Handlungsleitfäden zur Verfügung zu stellen.

2 Planungsinstrumente zur strategischen Differenzierung

2.1 Kunden verstehen: Das Modell von Kano

Erfolgreiche strategische Differenzierung bedeutet, dass es einem Unternehmen gelingt, Leistungen anzubieten, für die die Kunden bereit sind, überdurchschnittliche Preise zu bezahlen. Dies ist nur dann gegeben, wenn sich diese Leistungen von jenen der Konkurrenz wahrnehmbar unterscheiden. Dieser Unterschied kann in völlig unterschiedlichen Bereichen liegen:

▶ Funktionen des Produkts (Was kann das Produkt?),
▶ Dauerqualität (Wie lange hält das Produkt?),
▶ Renommee des Herstellers (Image des Produkts?),
▶ ökologische Aspekte (Umweltverträglichkeit des Produkts?),
▶ produktbegleitende Dienstleistungen (Beratung, Service etc.?),
▶ ...

Im Rahmen der Qualitätsplanung wird festgelegt, in welchem dieser Bereiche die Differenzierung vorgenommen werden soll und welche konkreten Produktmerkmale zu realisieren sind. Dies kann nicht erfolgen, ohne sich zunächst einen Überblick zu verschaffen, welche Produktmerkmale überhaupt realisierbar sind, welche von den Kunden gewünscht werden und welche von den Kunden vorausgesetzt werden. Zur Strukturierung von Kundenanforderungen zieht man das Modell von Kano heran, das die Klassifizierung der Kundenanforderungen in Basisforderungen, Leistungsforderungen und Begeisterungsforderungen vorsieht [Kano 1984]. **Basisforderungen** stellen dabei Muss-Anforderungen dar, welche von jedem Anbieter erfüllt werden müssen. **Leistungsforderungen** sind jene Merkmalsausprägungen, anhand derer potenzielle Kunden die Leistungen unterschiedlicher Anbieter vergleichen, und **Begeisterungsforderungen** basieren auf neuen Produktmerkmalen, die die Kunden noch nicht kennen.

2.1.1 Basisforderungen definieren

WORUM GEHT ES?

Kunden setzen die Erfüllung von Basisforderungen voraus, auch ohne dass diese explizit genannt werden. So wird z. B. jeder Autokäufer davon ausgehen, dass er auch bei Regen in einer Limousine oder einem Cabriolet mit geschlossenem Verdeck reisen kann, ohne nass zu werden. Die Erfüllung dieser Anforderung ist so selbstverständlich, dass sie von keinem Kunden im Rahmen einer Anforderungserhebung auch nur erwähnt werden würde. Die Erfüllung von Basisforderungen stellt eine notwendige, aber keine hinreichende Bedingung zur Entstehung von Kundenzufriedenheit dar. Das heißt, die Erfüllung von Basisforderungen führt nicht zu Kundenzufriedenheit, wohingegen die Nicht-Erfüllung von Basisforderungen zwangsläufig zu Kundenunzufriedenheit führt (Bild 8).

WAS BRINGT ES?

Hersteller stehen vor dem Problem, dass Basisforderungen von Kunden nicht explizit genannt werden, jedoch unbedingt erfüllt werden müssen. Unternehmen, die die Qualitätsfüh-

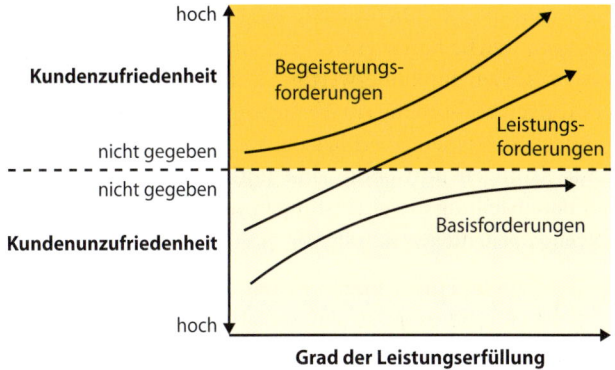

Bild 8: *Kano-Modell*

rerschaft für sich beanspruchen, können es sich keinesfalls
leisten, durch Schwierigkeiten im Bereich der Erfüllung von
Basisforderungen ihre Marktposition zu untergraben. Da im
Bereich der Basisforderungen die Kundenbefragung als Informationsquelle ausscheidet, müssen Zieldefinitionen und
die darauf basierenden Produktkonzepte und Prüfroutinen
auf andere Weise entwickelt werden.

WIE GEHE ICH VOR?

Die Definition von Basisforderungen wird gerne unter-
schätzt. Einerseits ist davon auszugehen, dass Hersteller genauso gut wie Kunden implizit wissen, welche Basis-Pro-
dukteigenschaften auf jeden Fall gegeben sein müssen,
andererseits ist eine vollständige Aufzählung sämtlicher Basisforderungen nahezu unmöglich. Da die Bereitstellung der
Basisleistung jedoch bei sehr vielen Erzeugnissen einen erheblichen Anteil des Gesamtaufwandes darstellt, fällt in die-

sem Bereich ein erheblicher Anteil der Gesamtkosten an. Budgets, welche benötigt werden, um Basisleistungen zu erstellen, stehen für höherwertige, Kundennutzen schaffende Leistungen nicht mehr zur Verfügung. Deshalb ist es unumgänglich, sich einen Überblick darüber zu verschaffen, welche Basisleistungen notwendig sind und welcher Aufwand mit der Bereitstellung dieser Leistungen verbunden ist. Dazu sind folgende Schritte notwendig:

▶ **Gesetzliche Forderungen** klären: Innerhalb der Europäischen Union und einzelner Staaten bestehen Richtlinien bezüglich einer Vielzahl von Erzeugnissen (Maschinen, Spielzeug etc.) die festlegen, welche Eigenschaften ein Produkt aufweisen muss, um in den Verkehr gebracht werden zu dürfen. Es ist für jedes Produkt zu klären, welche Richtlinien jeweils beachtet werden müssen. Die Vorgaben der jeweiligen Richtlinien sind als Basisforderungen anzusehen.

▶ **Beschwerden** analysieren: Ein professionelles Reklamationsmanagement stellt sicher, dass unzufriedene Kunden nicht resignieren oder zur Konkurrenz abwandern, sondern dass das Herstellerunternehmen Kenntnis von ihren Schwierigkeiten erhält. Reklamationsdaten bieten die seltene Möglichkeit, direkt vom Kunden Informationen zu Basisforderungen zu erhalten. Werden Beschwerdedaten über mehrere Jahre gesammelt und ausgewertet, entsteht ein wertvoller Informationsspeicher, der zur Definition von Basiserwartungen ausgewertet werden muss.

▶ **Marktstandard** feststellen: Sofern ein Produkt nicht vollkommen neuartig ist, existieren Vergleichsprodukte. Die Qualität dieser Vergleichsprodukte definiert den Marktstandard. Es ist davon auszugehen, dass ein deutliches

Unterschreiten dieses Standards von Kundenseite nicht honoriert wird. Basis zur Festlegung des Marktstandards sind – sofern verfügbar – vergleichende Produkttests (Stiftung Warentest, Fachzeitschriften etc.) bzw. selbst durchgeführte Vergleichstests. Diese Vergleichstests werden auch als **Produktbenchmarking** bezeichnet. Produktbenchmarking dient gleichzeitig auch zur Festlegung von Leistungsforderungen.

An der Realisierung von Basisforderungen führt kein Weg vorbei. Sie stellen den unverzichtbaren Grundbestandteil jedes Lastenheftes dar. Dass diese Anforderungen erfüllt werden müssen, bedeutet jedoch nicht, dass bekannte technische Lösungen beibehalten werden müssen: So kann z.B. die Bremsanlage in einem Pkw mechanisch, hydraulisch, pneumatisch oder in Hybridbauweise realisiert werden, ohne dass darunter die Realisierung des Basisnutzens leidet. Basisforderungen bieten genauso viele Möglichkeiten für innovative technische Lösungen wie die aus Sicht des Kunden höherwertigen Leistungs- und Begeisterungsforderungen.

2.1.2 Leistungsforderungen definieren

WORUM GEHT ES?

Anhand der Leistungsforderungen vergleichen Kunden üblicherweise die Leistungen verschiedener Anbieter miteinander. So stellen z.B. der Kraftstoffverbrauch, das Platzangebot, die Beschleunigung von 0 auf 100 km/h, die Art der Innenausstattung etc. typische Leistungsforderungen an einen Pkw dar. Bei Leistungsforderungen gilt: In je höherem Maße diese erfüllt werden, desto höher die Kundenzufriedenheit. Dabei muss ein Mindeststandard erfüllt sein, um Kundenunzufriedenheit zu vermeiden. Wird dieser Mindeststandard überschritten, stellt sich in zunehmendem Maße Kundenzufriedenheit ein (Bild 8). Fast immer ist die Verbesserung der Leistungsmerkmale mit der Steigerung der Herstellkosten verbunden. Deshalb ist das Ziel der Qualitätsplanung, im Bereich der Leistungsmerkmale die Ausprägungen der Leistungsmerkmale so festzulegen, dass sich ein günstiges Verhältnis zwischen Kundennutzen und Herstellkosten ergibt.

WAS BRINGT ES?

Qualitätsführerschaft besteht in der Regel nicht darin, Produkte anzubieten, die hinsichtlich sämtlicher Kundenanforderungen besser als Konkurrenzprodukte sind. Die Herstellung derartiger Produkte – sofern diese überhaupt technisch möglich ist – wird in der Regel so teuer, dass nur sehr wenige Kunden in der Lage wären, die aus diesen Kosten resultierenden Preise zu bezahlen. Vielmehr kommt es darauf an, genau zu erfassen, welche Kundengruppen auf welche Merkmale gesteigerten Wert legen, und so zu maßgeschneiderten Lösungen zu gelangen. Eine von einer speziellen Kundengruppe gewünschte Mehr-Ausprägung eines bestimmten Merkmals wird durch die für diese Kundengruppe relativ unwichtige Minder-Ausprägung eines anderen Merkmals kompensiert. Damit entstehen Leistungen, die sich einerseits am Markt differenzieren, und andererseits noch in einem realistischen Kostenrahmen liegen.

WIE GEHE ICH VOR?

Sich durch Leistungsforderungen auszuzeichnen bedeutet eine Übererfüllung von Marktstandards. Aus den oben geschilderten Gründen ist das meist nicht in sämtlichen Anforderungsbereichen möglich. Deshalb müssen auf der Basis der Erwartungen unterschiedlicher Kundengruppen spezifische Leistungsbündel geschnürt werden. Folgendes Vorgehen hat sich diesbezüglich bewährt:

▶ **Erhebung von Forderungen:** Die Leistungsforderungen, welche von bestehenden oder potenziellen Kunden explizit genannt werden, sind aufzulisten. Informationsquelle dazu ist vorzugsweise die direkte Befragung der Kunden. Alternativ kommt die indirekte Erhebung durch die Befragung von Vertriebsmitarbeitern oder Expertenrunden infrage. Das Vorgehen zur direkten Befragung der Kunden ist im Pocket-Power-Band 203 beschrieben [MEISTER 2005].

▶ **Definition von Kundengruppen:** Durch die Clusterung er erhobenen Anforderungsprofile lassen sich die typischen Leistungsforderungen bestimmter Kundengruppen ableiten. Je deutlicher die Unterschiede zwischen den einzelnen Clustern ausfallen und je homogener die einzelnen Cluster sind, desto leichter fällt die Entscheidung bezüglich der Festlegung von Zielprofilen.

▶ **Markt- und Konkurrenzanalyse:** Typischerweise werden die identifizierten Kundengruppen auch von Konkurrenten bedient. Das Studium des Wettbewerbsverhaltens und des Leistungsangebotes von Konkurrenten gibt Hinweise zur Attraktivität einer bestimmten Kundengruppe.

▶ **Festlegung der Leistungsforderungen:** Je nach Kapazität des Unternehmens wird entschieden, welche Cluster bedient werden und wie viele Produkte innerhalb eines Clusters angeboten werden. So hat z. B. fast jeder Automobilhersteller ein Modell im Programm, welches auf junge Erwachsene zugeschnitten ist, ein Modell für Familien und ein Modell für die Generation 50 plus. Diese unterscheiden sich deutlich untereinander und sie versuchen sich auf eine jeweils eigene Art von Konkurrenzprodukten, die auf dasselbe Segment zielen, abzugrenzen.

Das Beste war nicht gut genug ...

Spezifikationen für Leistungsmerkmale sind grundsätzlich auf der Basis von Kundenbefragungen zu treffen. Geschieht dies nicht, besteht die Gefahr, das angestrebte Ziel zu verfehlen:
Auf einer Automobilmesse wurde ein neues Oberklassemodell dem Publikum vorgestellt. Ein Messestandbesucher untersuchte intensiv das Sitzleder. Als er sich schließlich niederkniete und am Leder roch, wurde er von einem Angestellten gefragt, was der Grund für sein Verhalten sei. Es stellte sich heraus, dass der Kunde feststellen wollte, ob die Sitzbezüge aus Kunstleder gefertigt waren. – Der Hersteller hatte die Leistungsforderungen bezüglich Oberflächengüte und Fehlerfreiheit des verwendeten Rindsleders so hoch angesetzt, dass das echte Leder aus Sicht des Kunden nicht mehr ohne Weiteres als solches zu erkennen war!

2.1.3 Begeisterungsforderungen definieren

WORUM GEHT ES?

Die Erfüllung von Begeisterungsforderungen wird von den Kunden weder vorausgesetzt noch gewünscht. Erst dadurch, dass ein Hersteller eine auf Begeisterungsmerkmalen basierende Leistung anbietet, entsteht die entsprechende Nachfrage. Bild 8 zeigt, dass im Bereich dieser Forderungskategorie schon ein geringer Grad an Leistungserfüllung ausreicht, um Kundenzufriedenheit zu schaffen. Diese Zufriedenheit rührt daher, dass mittels neuer Leistungseigenschaften es dem Kunden möglich wird, Dinge zu tun, die bis dahin unbekannt waren. So fand z. B. die erste Generation von CD-Brennern reißenden Absatz, obwohl die Geräte eine sehr niedrige Zuverlässigkeit aufwiesen. Das heißt, dass sich durch ein Mehr an Innovation ein Weniger an Leistung kompensieren lässt.

 Sony-Walkman

Der erste Sony-Walkman stellte ein Produkt dar, welches ausschließlich in Richtung Erfüllung von Begeisterungsforderungen konzipiert war. Die Sony-Marktforschung hatte aufgrund fehlender Nachfrage von der Markteinführung des Walkmans abgeraten – niemand konnte sich vorstellen, mit einem Kassettenrekorder am Gürtel durch den Wald zu joggen. Trotzdem wurde das Gerät unter erheblichem unternehmerischem Risiko am Markt eingeführt. Der erste Walkman war sehr teuer und durch den hohen Stromverbrauch nur eingeschränkt nutzbar. Dennoch war er ein Riesenerfolg für Sony und wurde zum Vorbild für viele Nachahmerprodukte.

WAS BRINGT ES?

Eine Verbesserung im Bereich der Leistungsforderungen muss im Regelfall durch höhere Herstellkosten erkauft werden. Das bedeutet, dass immer die Gefahr besteht, dass der Mehrertrag, welcher aufgrund der Differenzierung erwirtschaftet werden kann, durch höhere Kosten gemindert wird oder ganz verschwindet. Ein eleganter Weg, diese Falle zu umgehen, ist, schon bei der Konzeption eines neuen Produkts sich nicht darauf zu beschränken, die Kundenerwartungen hinsichtlich Basis- und Leistungsmerkmalen zu erfüllen, sondern durch die Berücksichtigung von Begeisterungsforderungen mit vergleichsweise wenig Unternehmensressourcen Kundenbegeisterung zu erzielen.

WIE GEHE ICH VOR?

Begeisterungsmerkmale lassen sich nicht aus Vorhandenem ableiten. Zu ihrer Entwicklung ist Kreativität notwendig. Kreative Ideen lassen sich nicht herbeizwingen, jedoch kann das Management Strukturen schaffen, die die Entwicklung von Begeisterungsqualität fördern.

▶ Bei der Definition von Leistungsangeboten ist grundsätzlich zu verlangen, dass neben der unabdingbaren Erfüllung von Basisforderungen und der zielsegmentspezifischen Erfüllung von Leistungsforderungen innovative Leistungselemente, die auf Kundenbegeisterung zielen, definiert werden.

▶ Falls innerhalb eines speziellen Geschäftsfelds, einer bestimmten Branche oder bei bestimmten Produkten keine Möglichkeit zur Schaffung von Begeisterungsmerkmalen existiert, kommen Kreativitätstechniken zum Einsatz.

▶ Bestehen mehrere Ideen zur Schaffung von Begeisterungsmerkmalen, muss bewertet und ausgewählt werden. Dazu die Ergebnisse von Kunden- oder Expertenbefragungen heranzuziehen, hat sich bei dieser speziellen Merkmalsart nicht bewährt. Besser ist die interne Bewertung, welche z. B. durch eine Nutzwertanalyse mit den Kriterien Umsetzbarkeit, Kosten, Bedeutung etc. erfolgt.

▶ Je nachdem, wie hoch die Bedeutung dieser innovativen Leistungselemente eingeschätzt wird, ist ein entsprechender Anteil an Budgetmitteln für die Umsetzung dieser Anforderungen zu reservieren.

Werden diese Punkte beachtet, lassen sich Wettbewerbsnachteile durch – aufwendige oder durch den Kunden nicht honorierte – Mehrleistungen in ungewöhnlichen und unerwarteten Bereichen vermeiden.

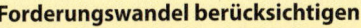

Forderungswandel berücksichtigen

Ein Leistungsmerkmal, welches heute noch Begeisterung hervorruft, wird sich nach einiger Zeit in der Kategorie „Leistungsanforderungen" wiederfinden und später auf die Stufe „Basisforderung" herabsinken – so zu beobachten in der Automobilindustrie beim Airbag.

Das bedeutet, dass bei der Definition von Kundenanforderungen der Anforderungskatalog der höherwertigen Anforderungsklasse des jeweiligen Vorgängerprodukts Anhaltspunkte zur Definition der aktuell gewünschten Leistungs- und Basismerkmale geben kann.

2.2 Kundenanforderungen bewerten

Mit der Definition von Basis-, Leistungs- und Begeisterungsforderungen sind wesentliche Qualitätsziele festgelegt. Da die Zielkataloge – je nach Art der angebotenen Leistung – recht umfangreich ausfallen können, müssen im nächsten Qualitätsplanungsschritt Prioritäten gesetzt werden. Bei den Basisforderungen stellt sich die Frage der Bewertung nicht, da ihre Umsetzung ohnehin obligatorisch ist. Hinsichtlich der Leistungs- und Begeisterungsforderungen gilt jedoch, dass die **gleichzeitige** Umsetzung **aller** definierten Ziele oft weder technisch noch ressourcenseitig möglich ist. Priorisierung bedeutet dabei nicht, dass manche Ziele nicht weiterverfolgt werden, sondern sie stellt sicher, dass leicht erreichbare Ziele schnell umgesetzt werden und dass die Ressourcen zur Verfolgung wichtiger, schwierig erreichbarer langfristiger Ziele zur Verfügung stehen. Die in Bild 9 dargestellte Matrix dient zur Klassifizierung unterschiedlicher Ziele hinsichtlich Bedeutung aus Kundensicht und Schwierigkeit der Zielerreichung für das Herstellerunternehmen. Die Ziele im oberen rechten Quadranten bringen hohen Kundennutzen und sie werden als leicht realisierbar angesehen. In Bild 9 sind diese Ziele als A1-Ziele bezeichnet. A1-Ziele stellen „low hanging fruits" dar und sollten dementsprechend schnell geerntet werden können.

Das Gegenteil von A1-Zielen stellen C-Ziele dar. Dort steht ein vergleichsweise geringer Kundennutzen einem hohen Umsetzungsaufwand gegenüber. In diesem Fall macht es Sinn, die Ziele im Auge zu behalten und abzuwarten, bis neue technische oder organisatorische Möglichkeiten die Zielerreichung mit geringerem Aufwand ermöglichen, und so das Ziel aus Kategorie C in die Kategorie B wandert. Der Hauptnutzen der in Bild 9 dargestellten Matrix liegt im Abgleich der Ressourcenzuteilung zwischen solchen B-Zielen (niedriger Kundennutzen, relativ leicht erreichbar) und den A2-Zielen im oberen linken Quadranten (hoher Kundennut-

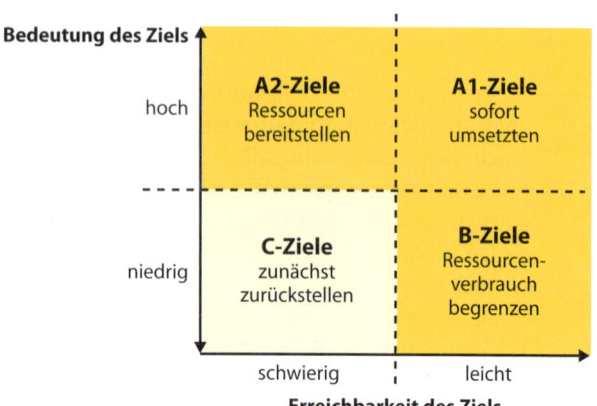

Bild 9: *Matrix zur Zielpriorisierung*

zen, jedoch relativ schwierig erreichbar). Es ist unbedingt sicherzustellen, dass stets ein ausreichend großer Prozentsatz der Entwicklungsmannschaft und die entsprechenden Budgetmittel zur Verfügung stehen, um die Verfolgung der langfristig überlebenswichtigen A2-Ziele sicherzustellen. Andernfalls läuft das Unternehmen Gefahr, dass, um kurzfristig Erfolge vorweisen zu können, stets nur B-Ziele realisiert werden und damit die Einzigartigkeit der angebotenen Leistungen langsam, aber sicher verschwindet.

Während die Schwierigkeit der Zielerreichung (x-Achse in Bild 9) in der Regel aus der Erfahrung des entsprechenden Unternehmens mit ähnlichen Leistungen, Vorgängerprodukten etc. heraus abgeschätzt werden kann, muss die Bedeutung des Ziels (y-Achse in Bild 9) systematisch auf der Basis von Markt- und Kundendaten erarbeitet werden. Hier führen pragmatische Abschätzungen oft dazu, dass die Bedeutung einzelner Kundenanforderungen überschätzt wird und so falsche Priorisierungen vorgenommen werden.

Der Weg zum Kunden lässt sich nicht abkürzen

Da die Durchführung einer aussagefähigen Kundenbefragung ziemlich aufwendig ist, werden oft anstelle der Kunden Vertriebsmitarbeiter befragt. Diese sollten eigentlich durch den täglichen Kontakt ein enges Verhältnis zu den Kunden haben und deren Bedürfnisse gut kennen. Die Erfahrung zeigt jedoch, dass mit diesem Verfahren die Kundenbedürfnisse regelmäßig überschätzt werden. Die auf dieser Basis entwickelten Produkte weisen einen höheren Qualitätsstandard auf, als die Mehrzahl der Kunden benötigt, und verkaufen sich in der Regel wegen des damit verbundenen höheren Preises schlecht.

2.2.1 Paarweiser Vergleich

WORUM GEHT ES?

Der paarweise Vergleich stellt eine einfache und vergleichsweise schnelle Methode dar, um Leistungs- und Begeisterungsforderungen zu bewerten. Nach Durchführung des paarweisen Vergleichs kann die Bedeutung von Kundenanforderungen grob abgeschätzt und die Klassifizierung nach Bild 9 (y-Achse) vorgenommen werden. Der paarweise Vergleich kann entweder im Rahmen von intern oder extern besetzten Expertenrunden oder direkt im Rahmen einer repräsentativen Kundenbefragung durchgeführt werden.

WAS BRINGT ES?

Im Gegensatz zu der im folgenden Kapitel dargestellten Conjoint-Analyse, welche sehr präzise Ergebnisse liefert, ist ein paarweiser Vergleich ein grob gestricktes Instrument. Dieses Instrument hat allerdings den Vorteil, dass es sehr schnell und einfach anwendbar ist. Insbesondere wenn erheblicher Zeitdruck besteht oder bei sehr einfach gelagerten Fragestellungen, ist der paarweise Vergleich das Instrument der Wahl.

WIE GEHE ICH VOR?

Ausgehend von der Liste relevanter Kundenanforderungen stellt man sich die Frage, ob eine Forderung **wichtiger**, **weniger wichtig** oder **gleich wichtig** wie die darunter bzw. darüber angeführten Forderungen ist. Es werden also sämtliche Forderungen untereinander paarweise verglichen. Eine Forderung, die in einem solchen paarweisen Vergleich besser abschneidet, erhält zwei Bewertungspunkte, die schlechter abschneidende Forderung erhält null Bewertungspunkte. Werden beide Forderungen als gleich wichtig eingeschätzt, erhalten sie je einen Bewertungspunkt. Aus der Summe der Bewertungspunkte errechnet sich das Bedeutungsgewicht der jeweiligen Forderung. Um zu vermeiden, dass untergeordnete Forderungen, die generell als weniger wichtig als sämtliche Vergleichsforderungen angesehen werden, in der Summe null Bewertungspunkte erhalten und deren Bedeutungsgewicht damit gleich null würde, erhält jede Forderung vor Durchführung des paarweisen Vergleichs einen Basisbewertungspunkt. In Bild 10 ist das Verfahren anhand eines einfachen Beispiels dargestellt.

Das Vorgehen nach Bild 10 eignet sich zur Visualisierung der Ergebnisse einer Expertenrunde z. B. an einer Pinnwand. Im Rahmen einer Kundenbefragung müssen die Vergleiche einzeln abgefragt und hinterher gesammelt ausgewertet wer-

Forderungen	BASISBEWERTUNG	farbecht	strapazierfähig	gute Passform	modischer Schnitt	SUMME PUNKTE	Bedeutungsgewicht
farbecht	1		2	2	1	6	37,50 %
strapazierfähig		0		1	1	3	18,75 %
gute Passform		0	1		2	4	25,00 %
modischer Schnitt		1	1	0		3	18,75 %
						16	100 %

Bild 10: *Paarweiser Vergleich*

Was ist Ihnen beim Kauf eines Kleinwagens wichtiger?

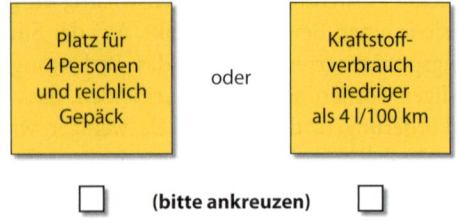

Platz für 4 Personen und reichlich Gepäck

oder

Kraftstoffverbrauch niedriger als 4 l/100 km

□   **(bitte ankreuzen)**   □

Bild 11: *Kundenbefragung (Ausschnitt)*

Ergebnisse kritisch hinterfragen

Der paarweise Vergleich stellt kein sozialwissenschaftlich exaktes Bewertungsinstrument dar. Er kann nur dann brauchbare Ergebnisse liefern, wenn sich die zu vergleichenden Forderungen auf derselben Forderungsstufe laut Kano-Modell (siehe Abschnitt 2.1) befinden. Falls eine Forderung in sämtlichen Vergleichen mit zwei Bewertungspunkten versehen wurde, also wichtiger als sämtliche anderen Forderungen ist, muss man sich die Frage stellen, ob es sich hier nicht um eine Basisforderung handelt. Diese stellt dann eine Muss-Forderung dar und kann nicht sinnvoll bewertet werden.

Das Ergebnis eines paarweisen Vergleiches ist als Diskussionsgrundlage anzusehen, nicht als Diskussionsergebnis.

---

den. Bild 11 zeigt anhand eines Fragebogenausschnitts, wie ein paarweiser Vergleich im Rahmen einer Kundenbefragung aussehen kann. Die Antwortvariante „Beide Eigenschaften sind gleich wichtig" wird dort absichtlich nicht angeboten, da diese aller Erfahrung nach bei dieser Art der Fragestellung sehr häufig gewählt werden würde, was die Aussagekraft der

Untersuchung beeinträchtigen würde. Falls die abgefragten Eigenschaften tatsächlich als völlig gleichwertig betrachtet werden, werden sich die Antworten im Verhältnis 50 zu 50 verteilen. Ist dies nicht gegeben, besteht keine Gleichwertigkeit.

2.2.2 Conjoint Measurement

WORUM GEHT ES?

Natürlich besteht immer die Möglichkeit, die Bedeutung von Kundenanforderungen nicht im Vergleich mit anderen Forderungen, sondern absolut abzufragen (Bild 12). Dies führt im Ergebnis meist dazu, dass alle Kundenanforderungen als „sehr wichtig" oder „wichtig" klassifiziert werden – auf dieser Basis lassen sich nur schwer Leistungsbündel schnüren, die auch in technischer und finanzieller Hinsicht realisierbar sind.

Welche Rolle spielt für Sie die Wagengröße (Anzahl der Sitzplätze) beim Autokauf?	unwichtig ☐	wichtig ☐	sehr wichtig ☐
Welche Rolle spielt für Sie der Kraftstoffverbrauch beim Autokauf?	unwichtig ☐	wichtig ☐	sehr wichtig ☐
Welche Rolle spielt für Sie die erreichbare Höchstgeschwindigkeit beim Autokauf?	unwichtig ☐	wichtig ☐	sehr wichtig ☐
...	unwichtig ☐	wichtig ☐	sehr wichtig ☐

(bitte ankreuzen)

Bild 12: *Klassische sequenzielle Kundenbefragung*

Als alternative Befragungsmethode bietet sich die Durchführung einer Conjoint-Analyse an. Dabei handelt es sich um ein Instrument zur Erklärung von Kundenpräferenzen. Die Conjoint-Analyse macht Auswahlprozesse nachvollziehbar und erklärt diese auf Basis mathematisch-statistischer Verfahren mit hoher Treffsicherheit. Anders als bei klassischen sequenziellen Kundenbefragungen werden beim Conjoint-analytischen Ansatz Kundenpräferenzen in Bezug auf **mehrere** Merkmale **gleichzeitig** abgefragt. In der Praxis stellt sich das so dar, dass eine repräsentative Kundengruppe sich im PC-Interview zwischen virtuellen Leistungsbündeln entscheiden muss (Bild 13). Aus den Antworten leitet die Befragungssoftware mathematisch ab, welche Nutzenbeiträge die jeweiligen Merkmale letztlich haben.

Pkw 1	Pkw 2	Pkw 3
4 Sitzplätze	5 Sitzplätze	5 Sitzplätze
Verbrauch 5 l/100 km	Verbrauch 5 l/100 km	Verbrauch 4 l/100 km
Höchstgeschwindigkeit 185 km/h	Höchstgeschwindigkeit 165 km/h	Höchstgeschwindigkeit 155 km/h

Welches der drei Kraftfahrzeuge würden Sie am ehesten kaufen?

☐ Pkw 1   ☐ Pkw 2   ☐ Pkw 3

(bitte ankreuzen)

Bild 13: *Conjoint-Fragebogen*

WAS BRINGT ES?

Die Conjoint-analytische Untersuchung bildet Entscheidungen so ab, wie sie unter realen Umständen getroffen werden. Vorteile im Bereich eines Merkmals müssen in der Regel durch Nachteile im Bereich anderer Merkmale erkauft werden. Zum Beispiel entscheidet sich der Kunde entweder für ein solides und langlebiges Gerät, das dann ein hohes Gewicht aufweist und schwer zu transportieren ist, oder er wählt eine leichte, transportable Lösung und nimmt etwaige Qualitätsverluste in Kauf. Ein in jeder Hinsicht perfektes Produkt ist in aller Regel entweder aus physikalischen Gründen nicht realisierbar oder nur unter unrealistisch hohem Kostenaufwand herzustellen. Mit dem Ergebnis der Conjoint-Untersuchung liegen bewertete Kundenanforderungen vor, die genaue Informationen darüber geben, in welchen Bereichen Kundenanforderungen unbedingt zu erfüllen sind und wo Abstriche möglich sind, ohne den Produkterfolg zu gefährden.

WIE GEHE ICH VOR?

Die Durchführung der Conjoint-Analyse erfolgt in fünf Schritten:

▶ **Definition von Merkmalen:** Wichtig ist, dass die untersuchten Merkmale eine nennenswerte Relevanz aufweisen und nicht von vornherein anzunehmen ist, dass diese von sehr untergeordneter Bedeutung sind. Nice-to-have-Merkmale ohne wirkliche Auswirkungen auf die zu treffenden Entscheidungen sind ebenso wenig sinnvoll wie Merkmale, in deren Ausprägung sich die am Markt angebotenen Produkte nicht wesentlich unterscheiden. Da die Anzahl der untersuchten Merkmale die Dauer der durchzuführenden Interviews bestimmt, sollte man sich hier auf das Wesentliche beschränken. Ideal sind nicht mehr als fünf bis acht voneinander unabhängige Merkmale.

▶ **Definition von Merkmalsausprägungen:** Unter Merkmalsausprägungen versteht man, welche Werte ein Merkmal annehmen kann. So kann z. B. das Merkmal „Anzahl Sitzplätze" für einen Pkw die Ausprägungen „zwei", „vier", fünf" oder „mehr als fünf" annehmen. Merkmalsausprägungen müssen möglichst exakt formuliert werden. Dargestellt wird dabei stets die größtmögliche noch realitätsnahe Spanne (etwa beim Merkmal „Kraftstoffverbrauch" von „zwei Litern pro 100 Kilometer" über mehrere Abstufungen bis zur Ausprägung „mehr als 20 Liter pro 100 Kilometer"). Merkmalsausprägungen, deren Realisierung auf jeden Fall zur Ablehnung eines potenziellen Produkts führen würde (sogenannte K.-o.-Ausprägungen), sind zu vermeiden. Die gleiche Anzahl von Merkmalsausprägungen über alle Merkmale hinweg und ein gleichmäßiger Skalenabstand der Merkmalsausprägungen innerhalb eines Merkmals wirken sich positiv auf die Qualität des Ergebnisses der Conjoint-Untersuchung aus.

▶ **Definition der Stimuli:** Das Prinzip einer Conjoint-Untersuchung beruht auf der Beurteilung virtueller oder realer Produkte bzw. Eigenschaftsbündel. Diese werden als Stimuli bezeichnet. Die Anzahl möglicher unterschiedlicher Stimuli errechnet sich aus dem Produkt der für die einzelnen Merkmale definierten Anzahl an Merkmalsausprägungen. Da schon bei einer geringen Anzahl von Merkmalen und Merkmalsausprägungen eine Befragungsperson mit der Bewertung aller kombinatorisch möglicher Stimuli überfordert wäre, übernimmt in der Praxis die Befragungssoftware die Stimulusauswahl.

▶ **Darstellung der Stimuli und Erhebung von Präferenz-daten:** Die Stimuli werden verbal oder in Form von Abbildungen oder Produktmustern beschrieben und im Rahmen von PC-Interviews von Kunden bewertet. Die Dauer eines solchen Kundeninterviews beträgt in der Regel nur wenige Minuten. Bei zahlreichen Untersuchungsmerkmalen und einer heterogenen Anzahl von Merkmalsausprägungen eignet sich besonders das Verfahren der adaptiven Conjoint-Analyse (ACA). Dort wird über einen dynamischen PC-Fragebogen die Conjoint-Fragestellung für jede Untersuchungsperson individuell auf Basis der bis dato gegebenen Antworten generiert.

▶ **Berechnung der Nutzwerte:** Die der Auswertung einer Conjoint-Untersuchung zugrunde liegenden mathematisch-statistischen Algorithmen beruhen auf linearer Optimierung der Befragungsergebnisse. In der Praxis wird die Auswertung computergestützt durchgeführt. Der Rechner gibt die Bedeutungsgewichte der definierten Merkmale als Prozentwerte und die Nutzenbeiträge der einzelnen Merkmalsausprägungen als absolute Zahlenwerte aus. Damit kann eindeutig – quantitativ – zwischen wichtigen und weniger wichtigen Anforderungen unterschieden werden und Kompensationen zwischen den Ausprägungen einzelner Merkmale lassen sich rechnerisch nachvollziehen.

Die Bilder 14, 15 und 16 zeigen am einfachen Beispiel eines Schraubenziehers mit den drei Produktmerkmalen Art der Klinge, Art des Griffes und Art des Schafts das Prinzip der Conjoint-Analyse. Ein Hersteller kann auf dieser Basis feststellen, dass bei diesem Produkt der Hauptteil des Kundennutzens (50 %) aus der anforderungsgerechten Gestaltung der Klinge resultiert. Eine Differenzierung würde demnach

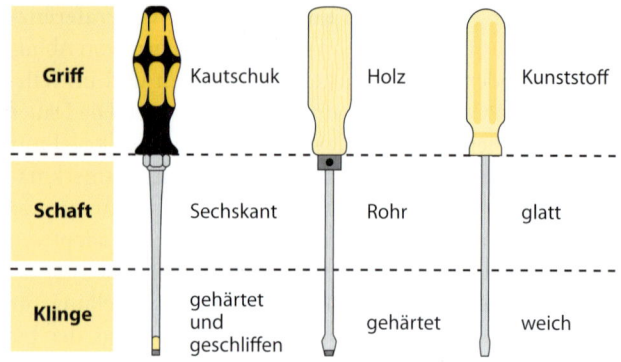

Bild 14: *Beispiel Conjoint-Analyse: Stimulus*

vor allem in diesem Bereich Erfolg versprechen. Weitere Möglichkeiten bestehen allenfalls im Bereich des Griffes; beim Schaft zeigt sich, dass verbesserte Merkmalsausprägungen nur zu einer sehr geringen Steigerung der Kundenzufriedenheit führen.

Die zunehmende Verbreitung Conjoint-analytischer Vorgehensweisen ist auf die sich stetig verbessernde Verfahrensunterstützung durch PC-Software zurückzuführen. Der Einsatz universeller Tabellenkalkulations- oder Statistikprogramme wie Microsoft Excel bietet dabei maximale Flexibilität bei Gestaltung und Auswertung der Untersuchungen, bedarf allerdings vertiefter Kenntnisse der zugrunde liegenden Rechenalgorithmen und verursacht einen erheblichen Arbeitsaufwand. Spezielle Conjoint-Anwendungen sind deutlich weniger aufwendig. Sie unterstützen sowohl beim Fragebogendesign als auch bei der Durchführung und Auswertung der Untersuchung. Dazu müssen im Wesentlichen nur die Merkmale und Merkmalsausprägungen eingegeben, muss

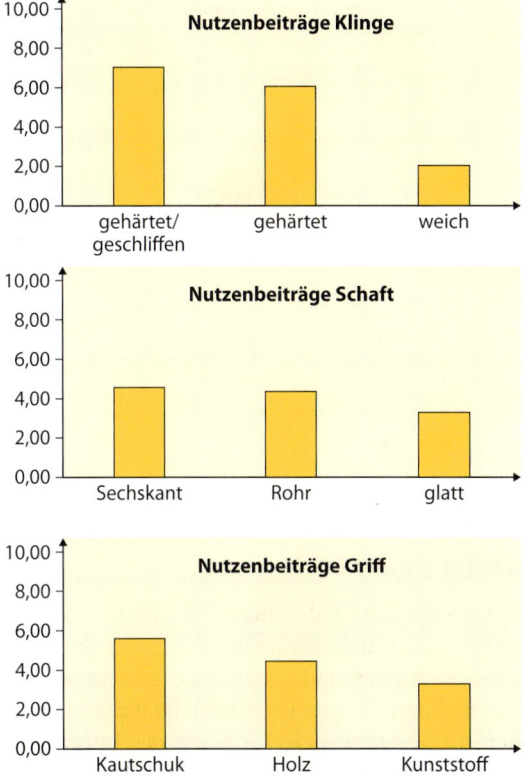

Bild 15: *Beispiel Conjoint-Analyse: Merkmalsbewertung*

die Befragung durchgeführt und müssen dem Programm die Befehle zur Datenauswertung gegeben werden. Die Anwendungsmöglichkeiten der Conjoint-Analyse sind nicht auf den Bereich der Bewertung von Kundenanforderungen eingeschränkt, sondern gehen weit darüber hinaus. So kann das

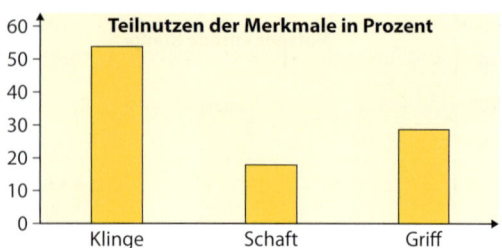

Bild 16: *Beispiel Conjoint-Analyse: Gesamtbewertung*

Instrument ebenso zur Entwicklung interner Dienstleistungen eingesetzt werden wie zur Erstellung von Personalprofilen im HR-Bereich [BENZ 2005 und BENZ 2006].

2.3   Kundenanforderungen umsetzen

2.3.1   Quality Function Deployment

WORUM GEHT ES?

Mit der Definition (Abschnitt 2.1) und Bewertung (Abschnitt 2.2) von Kundenanforderungen sind die Ziele, die durch neu zu entwickelnde Leistungen erreicht werden sollen, klar definiert. Damit ist der Qualitätsplanungsprozess jedoch nicht abgeschlossen. Im Sinne der Integration von Planung, Ausführung und Kontrolle schließen sich Instrumente zur Planumsetzung unmittelbar an. Das wichtigste dieser Instrumente ist das Quality Function Deployment kurz QFD. QFD leitet in systematischer Weise aus Kundenanforderungen technische Zielgrößen und entsprechende Produkt- und Produktionskonzepte ab. In der Ausdrucksweise der DIN 69 905 wird das **Lastenheft**, das die „Gesamtheit der Forderungen an die Lieferungen und Leistungen eines Auftragnehmers" beinhaltet, in ein **Pflichtenheft**, welches die vom „Auftragnehmer erarbeiteten Realisierungsvorgaben" vorgibt, übersetzt.

QFD beruht auf der Erstellung mathematisch verketteter Matrizen (sogenannte QFD-Häuser), die in einem funktionsübergreifenden interdisziplinären Entwicklungsteam erarbeitet werden. Der Fokus der QFD-Methode liegt dabei auf der Förderung der Kommunikation und Kreativität des Teams – optimale Lösungen lassen sich nicht errechnen, sondern sie müssen entwickelt werden. Die Anwendung von QFD erfordert einen nicht unerheblichen Ressourcenaufwand. Die Erfahrung einer Vielzahl von Unternehmen belegt jedoch, dass dieser in der Konzeptphase eines jeden Entwicklungsprojekts betriebene Aufwand sich in späteren Entwicklungsphasen auszahlt.

WAS BRINGT ES?

QFD-Entwicklungsprojekte sind auf die gesamte Entwicklungszeit gesehen schneller als Projekte, die ohne QFD abgewickelt werden. Zudem reduziert die Anwendung von QFD nachweislich die Anzahl notwendiger Änderungen im Verlauf des Entwicklungsprozesses. Dies hat nachhaltigen Einfluss auf die Entwicklungskosten, da insbesondere späte Änderungen, kurz von Beginn der Serienproduktion, hohe Kosten verursachen.

WIE GEHE ICH VOR?

QFD beruht auf der Findung fundierter Entscheidungen im Team. Dazu muss ins Team Expertenwissen zum gesamten Lebenszyklus des neu zu entwickelnden Produktes eingebracht werden. Das heißt, neben der Entwicklungsabteilung sind Unternehmensbereiche wie Marketing/Vertrieb, Produktion, Betriebswirtschaft etc. am QFD-Prozess zu beteiligen. Teilweise werden auch Externe, wie z.B. Vertreter von Schlüssellieferanten, mit in die Teams aufgenommen.

Grundprinzip der QFD-Methode ist die Gegenüberstellung von Problem/Anforderung und Problemlösung in einer Matrix wie in Bild 17 am Beispiel eines akkubetriebenen Handstaubsaugers dargestellt. Ausgehend von den Anforderungslisten wird im Team schrittweise, Anforderung für Anforderung, diskutiert, wie eine mögliche Lösung aussehen könnte. Die Matrixdarstellung verdeutlicht dabei, inwiefern einzelne Lösungsansätze dazu beitragen, mehrere Ziele zu erreichen, bzw. wie ein Ziel über mehrere Lösungsansätze erreicht werden kann.

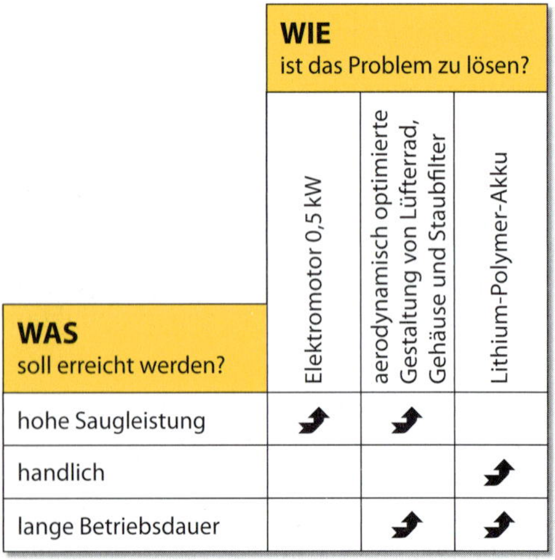

	WIE ist das Problem zu lösen?		
WAS soll erreicht werden?	Elektromotor 0,5 kW	aerodynamisch optimierte Gestaltung von Lüfterrad, Gehäuse und Staubfilter	Lithium-Polymer-Akku
hohe Saugleistung	↘	↘	
handlich			↘
lange Betriebsdauer		↘	↘

Bild 17: *Grundaufbau QFD-Matrix*

Typischerweise schaltet man mehrere solcher QFD-Matrizen hintereinander, um schrittweise über Kundenanforderungen, technische Zielwerte und Komponenteneigenschaften zur Gestaltung von Produktionsprozessen zu gelangen. Auf jeder dieser Stufen ist der Input eines der beteiligten Bereiche in besonderem Maße gefragt, wobei stets der gesamte Prozess im Auge behalten werden muss (Bild 18).

Erster Schritt des QFD-Prozesses ist die Ableitung von technischen Zielwerten aus Kundenanforderungen. Das heißt, aus der eher kunden-/marketingorientierten Liste bewerteter Kundenanforderungen werden technische Spezifikationen für die Produktentwicklung abgeleitet. Die „Sprache der Kunden" wird in die „Sprache der Ingenieure" übersetzt. Bild 19 zeigt die hierzu notwendigen Schritte am Beispiel des Handstaubsaugers.

Nachdem die Kundenanforderungen aufgelistet sind, werden sie im **zweiten Schritt** bewertet, wie in den vorangegangenen Abschnitten beschrieben. Basisforderungen wie „richtlinienkonform" werden ohne Bewertung aufgeführt. Werden Begeisterungsforderungen angesprochen, sind diese so zu integrieren, dass die Summe der Bewertungsgewichte 100 % ergibt (Schritt 1 und 2 in Bild 19).

Sofern Konkurrenzprodukte oder Vorgängermodelle existieren, erfolgt im **dritten Schritt** ein Produktvergleich aus Kundensicht. Dabei wird verglichen, inwieweit die unterschiedlichen Produkte die definierten Kundenanforderungen erfüllen. Die in diesem Schritt erstellten Forderungsprofile bieten eine ausgezeichnete Möglichkeit zu überprüfen, ob sich das geplante Neuprodukt tatsächlich von Konkurrenzangeboten abhebt (Abschnitt 2.1.2). Vor allem Kundenanforderungen, die von sämtlichen auf dem Markt vertretenen Anbietern relativ schlecht erfüllt werden, bieten Ansatz-

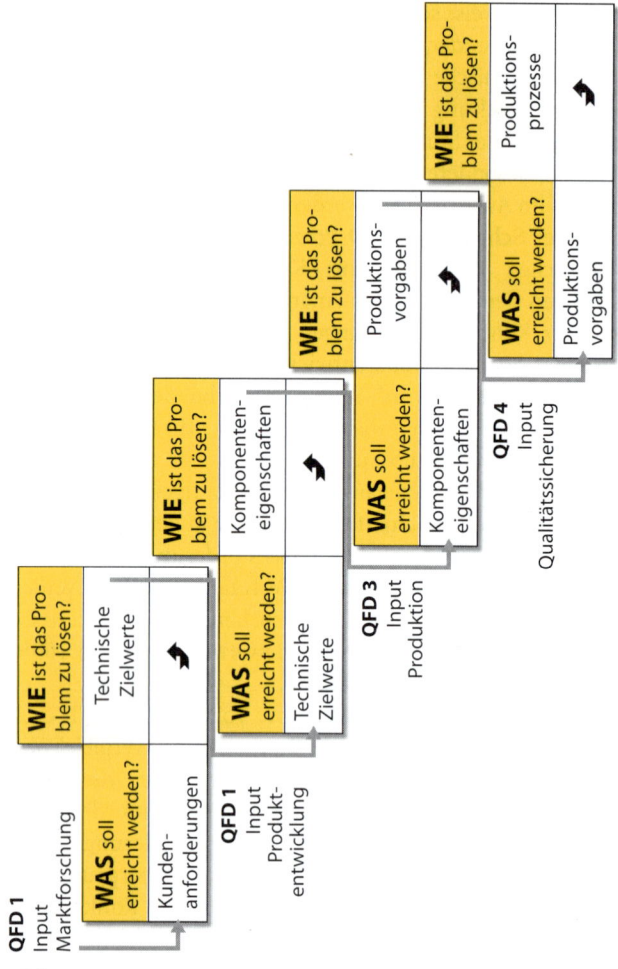

Bild 18: *QFD-Prozess*

 **High-Speed-Cutting**

Im Werkzeugmaschinenbereich besteht der Trend zu immer schnelleren Bearbeitungsmaschinen. So werden z. B. komplizierte Flugzeugteile seit einigen Jahren aus dem vollen Material gefräst. Dazu ist eine sehr hohe Spanleistung notwendig. Die Realisierung dieser Kundenanforderung erfolgt mittels des QFD-Prozesses:

- Ein Maschinenhersteller definiert das Interesse seiner Kunden darin, immer mehr Späne in immer kürzerer Zeit abzutragen. Eine mögliche technische Lösung für dieses Kundenproblem besteht darin, durch eine sehr hohe Drehzahl der Arbeitsspindel (bis 45 000 U/min), die geforderten hohen Vorschubgeschwindigkeiten und entsprechende Spanleistungen zu ermöglichen (QFD 1).
- Die hohe Drehzahl kann nicht mit einer herkömmlichen Spindellagerung erreicht werden. Dazu sind spezielle Bauteile wie sondergefertigte Kugellager oder in Druckluft oder Öl gelagerte Spindeln erforderlich. Da der Hersteller über keinerlei Erfahrungen mit druckluft- bzw. ölgelagerten Spindeln verfügt, entscheidet man sich dafür, Spezialkugellager zu benutzen (QFD 2).
- Spezialkugellager benötigen einerseits ein gewisses Spiel im Lagersitz, um durch die Betriebswärme verursachte Ausdehnungen kompensieren zu können, andererseits darf dieses Spiel nicht zu groß werden, da dann die gewünschte Spindelsteifigkeit nicht mehr gegeben ist. Aufgrund dieser geringen Toleranz ist außerordentliche Präzision bei der Fertigung gefragt. Das Ausdrehen der Lagersitze im Spindelgehäuse stellt einen Schlüsselprozess dar (QFD 3).
- Nach mehreren Versuchsreihen erweisen sich die bestehenden Produktionsanlagen als nicht fähig, die geforderten Toleranzbreiten einzuhalten, und ein externer Anbieter übernimmt die Feinbearbeitung der Lagersitze auf einer Spezialmaschine (QFD 4).

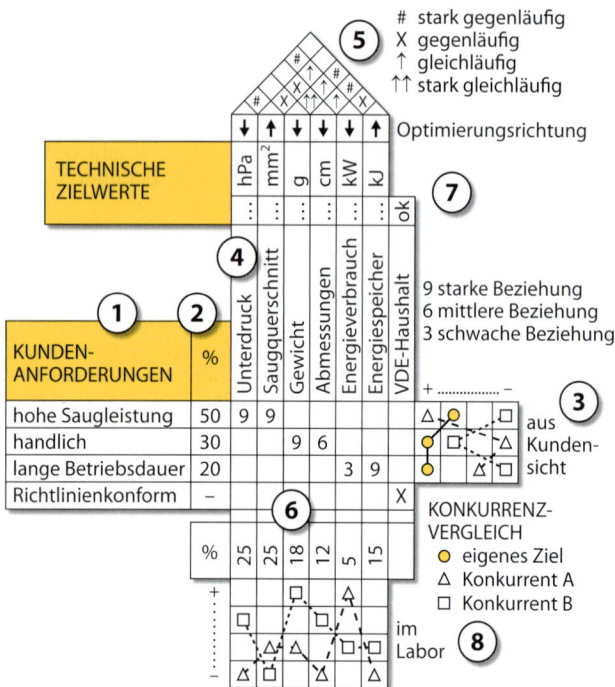

Bild 19: *QFD 1 Handstaubsauger*

punkte für Erfolg versprechende Differenzierung. Im in Bild 19 dargestellten Beispiel ist das die Kundenanforderung „lange Betriebsdauer". Idealerweise vollzieht sich der Produktvergleich in einer sogenannten „Produktklinik", wo potenzielle Käufer unterschiedliche Geräte testen und hinsichtlich der Erfüllung der geforderten Forderungen einstufen. Es ist strikt darauf zu achten, dass diese Einstufung aus der subjektiven Sicht des Durchschnittskunden vorgenommen wird;

ein detaillierter Produktvergleich in technischer Hinsicht erfolgt erst später im Prozess.

Im **vierten Schritt** erfolgt die eigentliche Übersetzung der Kundenanforderungen in technische Zielwerte. Kundenanforderung für Kundenanforderung wird diskutiert, welche technischen Zielwerte vorgegeben werden müssen, um die Erreichung der Forderungen sicherzustellen. Dabei kann es durchaus vorkommen, dass die Erfüllung einer einzelnen Kundenanforderung mehr als ein technisches Merkmal erfordert. So wird z.B. in Bild 19 die Kundenanforderung „handlich" durch zwei technische Merkmale („Gewicht" und „Abmessungen") abgebildet. Umgekehrt kann ein einzelnes technisches Merkmal zur Realisierung mehrerer Kundenanforderungen dienlich sein. Bei der Formulierung technischer Zielwerte ist strikt darauf zu achten, dass diese lösungsneutral formuliert werden. So wurde im Beispiel in Bild 19 bewusst ein bestimmtes Energiespeichervolumen (in Joule) und nicht eine bestimme Akkukapazität (in mAh) verlangt. Die Vorgabe einer Akkukapazität würde den Lösungsraum stark einschränken, da alternative Formen der Energiespeicherung (Federspeicher, Flüssiggasbetrieb etc.) dann in unzulässiger Weise von vornherein ausgeschlossen würden. Wie stark ein einzelner technischer Zielwert zur Erfüllung einer bestimmten Kundenanforderung beiträgt, wird durch Zahlenwerte im Zentrum der Matrix festgehalten. Üblicherweise werden die Skalen 9-6-3 oder 5-3-1 für eine starke, mittlere oder schwache Beziehung zwischen Kundenanforderung und technischem Zielwert verwendet. Gelten für die entsprechende Produktart gesetzliche Richtlinien oder existieren Prüfnormen von Fachverbänden etc., sind diese im Sinne der Erfüllung von Basisforderungen ohne Gewichtung anzuführen.

Technische Zielwerte

Technische Zielwerte, die im Rahmen von QFD 1 definiert werden, **müssen** sich durch eine **zahlenmäßige Größe** und eine **physikalische Einheit** beschreiben lassen, wie z.B. „500 hPa". Ausnahmen sind allenfalls Zielwerte deren Ausprägungen sich mit *Ja* oder *Nein* beschreiben lassen wie z.B. „Schaltstellung optisch erkennbar" oder „EU-Konformität gegeben".
Oft fällt die Übersetzung von Kundenanforderungen in derartige Zielwerte schwer. Was bedeutet konkret „gutes Design" oder „bruchsicher"? Gerade in solchen Fällen muss sich das Team der Diskussion stellen und eindeutige, messbare Zielsetzungen vereinbaren – in diesen Diskussionen liegt der Nutzen der Methodik.

Im **fünften Schritt** werden die Interaktionen innerhalb der technischen Zielwerte untereinander genauer betrachtet. Dies geschieht im Dach des QFD-Hauses. Technische Zielwerte, deren Erfüllung die Erfüllung anderer Zielwerte erschwert, bzw. solche, deren Erfüllung die Erfüllung anderer Zielwerte erleichtert, werden entsprechend gekennzeichnet. Dabei ist die Optimierungsrichtung zu beachten: Manche Zielwerte sollen möglichst groß ausfallen (z.B. Höchstgeschwindigkeit), andere hingegen möglichst klein (z.B. Kraftstoffverbrauch). Wenn die gewünschte Vergrößerung eines Zielwerts zu einer nicht gewünschten Vergrößerung eines anderen Zielwerts führt, sind die Zielwerte als gegenläufig anzusehen. Ein Beispiel hierfür sind die in Bild 19 dargestellten Zielwerte „Unterdruck" und „Energieverbrauch". Dies dient vor allem der Klärung physikalischer Grenzen. Die vollständige Realisierung aller technischen Zielwerte ist meistens nicht möglich.

Deshalb werden im folgenden **sechsten Schritt** aus den Gewichtungen der Kundenanforderungen die entsprechenden Bedeutungsgewichte der technischen Zielwerte abgeleitet. Hierzu sind in der Literatur unterschiedliche Rechenalgorithmen angeführt, die teilweise den Nachteil aufweisen, dass sich, wenn eine Kundenanforderung über mehrere technische Merkmale abgebildet wird, deren Bedeutungsgewicht vervielfacht. Um dies zu vermeiden, sind die Bedeutungsgewichte der Kundenanforderungen im Verhältnis der Zahlenwerte im Zentrum der Matrix aufzuteilen. In Bild 19 sind beispielsweise die 30 % Bedeutungsgewicht für die Kundenanforderung „handlich" im Verhältnis von neun zu sechs also 18 % zu 12 % auf die technischen Zielwerte „Gewicht" und „Abmessungen" verteilt. Die jeweilige Spaltensumme der so verteilten Werte ergibt das Bedeutungsgewicht des jeweiligen technischen Zielwerts, die Summe der Spaltensummen ist wiederum 100 %.

Im **siebten Schritt** werden die technischen Zielwerte endgültig quantitativ festgelegt. Dabei werden die technischen Zielwerte mit dem höchsten Bedeutungsgewicht (im Beispiel in Bild 19 „Unterdruck" und „Saugquerschnitt") zunächst festgelegt, und ausgehend von diesen Rahmenvorgaben werden unter Berücksichtigung der im Dach festgehaltenen Interdependenzen die übrigen Zielwerte definiert.

Die in **Schritt acht** durchzuführende Laboruntersuchung der Konkurrenzprodukte zeigt den aktuellen Stand der Technik. Im Unterschied zur ersten Konkurrenzuntersuchung, welche in Schritt drei durchgeführt wurde, steht jetzt nicht die subjektive Erfüllung von Kundenanforderungen im Vordergrund sondern objektive Messdaten bezüglich der definierten technischen Zielwerte.

In der Praxis werden die Schritte eins bis acht in mehreren Workshops iterativ durchlaufen, wobei die QFD-Matrix laufend angepasst wird. Die Matrix dient dabei nicht nur als

Hilfsmittel zur Dokumentation der Diskussionsergebnisse, sondern sie liefert auch Hinweise zu möglichen kritischen Punkten:

▶ **Leere Zeilen:** Solange die Matrix leere Zeilen enthält, sind bestimmte Kundenwünsche nicht erfüllt. Dies kann entweder bedeuten, dass der QFD-Prozess noch nicht abgeschlossen ist, oder dass bewusst entschieden wurde, auf die Erfüllung bestimmter Kundenwünsche zu verzichten, um dafür anderen Kundenwünschen weiter entgegenkommen zu können.

▶ **Leere Spalten:** Leere Spalten können nur dann auftauchen, wenn technische Zielwerte definiert werden, ohne dass entsprechende Kundenanforderungen angeführt sind. Die häufigste Ursache für leere Spalten ist, dass Kundenanforderungen aus dem Bereich der Basisforderungen vergessen wurden, die entsprechenden technischen Zielwerte jedoch evident sind.

▶ Ausschließlich **schwache Korrelationen** in einzelnen Zeilen oder Spalten. Treten einzelne Zeilen auf, in denen nur der schwächste Beziehungsfaktor (im Beispiel Bild 19 der Faktor drei) aufscheint, liegt die Vermutung nahe, dass ein wichtiger technischer Zielwert fehlt. Tritt dieses Bild spaltenweise auf, muss man sich der Frage stellen, ob auf den entsprechenden technischen Zielwert nicht verzichtet werden kann.

▶ **Unterschiedliche Konkurrenzbewertung aus Kunden- und Laborperspektive:** Betrachtet man den Konkurrenzvergleich (Schritt drei) zur Kundenanforderung „hohe Saugleistung" in Bild 19, weist Konkurrent A bezüglich dieser Anforderung das beste Produkt auf. Zur Erfüllung dieser Anforderung trägt laut der dargestellten Matrix in hohem Maß der technische Zielwert „Unterdruck" bei (Beziehungsfaktor neun). Im Laborvergleich (Schritt acht) zeigt sich jedoch, dass das Produkt des Konkurrenten A bezüglich dieses Zielwerts unterdurchschnittlich abschneidet. Eine derartige Konstellation weist darauf hin, dass ein falsches technisches Merkmal zur Abbildung der Kundenanforderung verwendet wurde: Die Kunden verstehen offenbar unter „hoher Saugleistung" etwas anderes als das Unternehmen.

Mit der Definition quantifizierter und gewichteter technischer Zielwerte ist das erste QFD-Haus vollständig. Jetzt ist es Aufgabe der Entwicklungsabteilungen, Entwürfe zu erarbeiten, die geeignet sind, die gewünschten technischen Zielwerte zu erreichen. Das zweite QFD-Haus dient dazu, transparent zu machen, welche Komponentenstrukturen dazu jeweils benötigt werden. Je nach Komplexität des zu entwickelnden Erzeugnisses ist hierbei unter „Komponente" entweder ein einzelnes Bauteil oder eine mehr oder weniger komplexe Baugruppe zu verstehen. Da ein vorgegebenes Ziel in der Regel über mehrere Wege erreicht werden kann, bestimmt die Anzahl unterschiedlicher Entwürfe, wie viele QFD-2-Häuser erstellt werden.

Bild 20 zeigt den konventionellen Aufbau eines Handstaubsaugers und Bild 21 das zugehörige zweite QFD-Haus.

Im **ersten Schritt** des QFD-2-Prozesses werden die technischen Zielwerte mit Gewichtung aus dem ersten QFD-Haus übernommen und von der senkrechten in die waagrechte Anordnung übertragen. Dieser Teil des zweiten QFD-Hauses ist für sämtliche QFD-2-Häuser gleich. Unterschiedliche technische Lösungen führen jedoch zu unterschiedlichen Komponentenstrukturen.

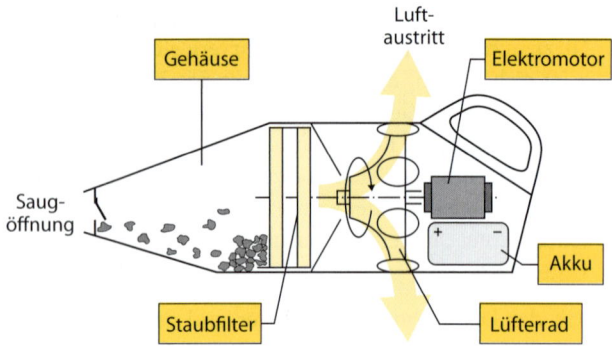

Bild 20: *Entwurf Handstaubsauger*

Diese Komponenten werden im **zweiten Schritt** spaltenweise dargestellt. Im Zentrum der Matrix stehen wieder die Beziehungsfaktoren, die zum Ausdruck bringen, in welchem Ausmaß die einzelnen Komponenten zur Realisierung der technischen Zielwerte beitragen. Dabei sind nur direkte Beziehungen zu berücksichtigen. Im in Bild 21 dargestellten Beispiel tragen so nur Gehäuse und Lüfterrad zur Erzeugung des Unterdrucks bei, nicht der Elektromotor. Zwar ist es richtig, dass sich das Lüfterrad ohne Motor nicht drehen würde, und so ohne Motor kein Unterdruck zustande käme – die Drehbewegung muss jedoch nicht zwangsläufig durch den Elektromotor erfolgen, es sind auch andere Antriebsarten vorstellbar. Den notwendigen Unterdruck ohne Lüfterrad und Gehäuse zu erzeugen ist jedoch beim vorliegenden Entwurf unmöglich. Auf ein Dach kann im zweiten und in möglichen weiteren QFD-Häusern verzichtet werden, es sei denn, es bestehen Zielkonflikte zwischen möglichen Gestaltungen einzelner Komponenten. In solchen Fällen ist es meist besser,

| | | | | | KOMPONENTEN-EIGENSCHAFTEN | | | | |
					Gehäuse	Lüfterrad	Elektromotor	Staubfilter	Akku
TECHNISCHE ZIELWERTE		①	%						
Unterdruck	...	hPa	25		6	9			
Saugquerschnitt	...	mm²	25						
Gewicht	...	g	18		6		3		9
Abmessungen	...	cm	12		9	6	3	6	6
Energieverbrauch	...	kW	5		3	6	9	6	
Energiespeicher	...	kJ	15						9
VDE-Konformität		o.k.			X		X		X
			%		45	19	6	4	26

9 starke Beziehung
6 mittlere Beziehung
3 schwache Beziehung

Bild 21: *QFD 2 Handstaubsauger*

mehrere QFD-2-Häuser zu erarbeiten und so unterschiedliche Lösungsvarianten zu bewerten.

Im **dritten Schritt** wird ganz analog zum Vorgehen im ersten QFD-Haus die Bedeutung der einzelnen Komponenten
ermittelt. Das Komponentengewicht dient einmal dazu, einen
Anhaltspunkt zur Ressourcenverteilung zu geben (bedeu-
tenden Komponenten sollten entsprechend größere Entwick-
lungskapazitäten zugeteilt werden), andererseits kann es zur
Zielkostenspaltung verwendet werden (bedeutende Komponenten dürfen einen entsprechend höheren Anteil der Ge-
samtherstellkosten ausmachen). Hierbei ist jedoch vor stupi-
der Zahlengläubigkeit zu warnen, die QFD-Resultate bieten

lediglich eine Diskussionsgrundlage und sind pragmatisch anzupassen. Insbesondere die Erfüllung von Basisforderungen, welche ja ohne Gewichtung in die Betrachtung einfließen, ist oft mit erheblichem Kosten- und Ressourcenaufwand verbunden, sodass hierfür grundsätzlich vorab ein entsprechender Ressourcen- und Kostenanteil zu reservieren ist.

Der eigentliche Nutzen des QFD-2-Hauses liegt jedoch darin, dass auf dieser Basis die Komponentenanforderungen exakt beschrieben werden können. Mit der Setzung eines jeden Beziehungsfaktors im Zentrum der Matrix sind die entsprechenden Anforderungen an die jeweilige Komponente schriftlich festzuhalten. So entsteht im Zuge des QFD-2-Prozesses ein detailliertes Anforderungsprofil im Sinne eines **Pflichtenhefts für jede Komponente**, welches sicherstellt, dass das Gesamtsystem in optimaler Weise den Kundenanforderungen gerecht wird.

Weitere Qualitätshäuser sind analog zu QFD 2 aufgebaut. Das Vorgehen nach Bild 18 ist nicht zwingend, es gibt auch Unternehmen, die aus den Komponenteneigenschaften Prüfpläne ableiten oder den Prozess generell nach dem zweiten Qualitätshaus abschließen. Im Investitionsgüterbereich, wo Kundenanforderungen in der Regel in Form von technischen Spezifikationen vorliegen, ist das Ergebnis des QFD-1-Prozesses weitgehend vorgegeben, sodass dort meist darauf verzichtet wird, das erste Qualitätshaus zu erstellen, und der Prozess gleich mit QFD 2 gestartet wird.

Weitere Informationen zum Quality Function Deployment finden Sie auch im Pocket-Power-Band 002 [THEDEN 2005].

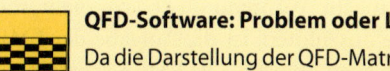

QFD-Software: Problem oder Lösung?

Da die Darstellung der QFD-Matrizen mit Standardsoftware aufwendig ist, und um die mit der QFD-Anwendung verbundenen Rechenoperationen zu vereinfachen, bietet es sich an, spezielle Software einzusetzen. Damit ist allerdings die Gefahr verbunden, dass die Teamsitzungen so ablaufen, dass die Teilnehmer statt in diskussionsförderlicher Kreis- oder U-Anordnung in Reihen hintereinander sitzen und mehr oder weniger hilflos eine Beamer-Projektion verfolgen, während ein oder zwei Spezialisten Eingaben tätigen. Ein solches Projekt ist von vornherein zum Scheitern verurteilt. Es hat sich sehr bewährt, die Teamsitzungen mit konventionellen Moderationsmaterialien (Pinnwand!) zu gestalten und Software allenfalls für Dokumentationszwecke einzusetzen. Sollten so viele Kundenanforderungen, technische Merkmale oder Komponenten zu bearbeiten sein, dass zur Darstellung zwingend Software verwendet werden muss, tut man gut daran, zunächst den Prozess zu vereinfachen, indem durch geeignete Hierarchisierungen und Zusammenfassungen die Anzahl zu betrachtender Elemente auf ein übersichtliches Maß reduziert wird.

2.3.2 Produkt-FMEA

WORUM GEHT ES?

Ziel der im vorangegangenen Abschnitt dargestellten QFD-Methode ist es, innovative Produkte hervorzubringen, die auf die Bedürfnisse spezieller Kundengruppen zugeschnitten sind. Unabhängig davon, ob völlig neuartige Produkte angeboten, vorhandene Produkte verbessert oder Produktionsprozesse optimiert werden, sind Innovationen immer mit Risiken verbunden. Die Fehlermöglichkeits- und -einflussanalyse kurz FMEA ist ein Planungsinstrument, welches diese Risiken systematisch analysiert und bewertet und sie damit steuerbar macht. Während QFD dazu dient, mögliche Lösungsräume auszuloten, ist die Aufgabe der FMEA, diese Lösungsräume einzugrenzen. Die FMEA scheidet stark risikobehaftete Lösungsvarianten aus und unterzieht die verbleibenden Lösungsvarianten einer Risikooptimierung. Dementsprechend macht es Sinn, im QFD-Prozess ab dem zweiten Qualitätshaus, das ja zur Diskussion möglicher technischer Lösungen dient, regelmäßig Fehlermöglichkeits- und -einflussanalysen durchzuführen.

WAS BRINGT ES?

Die FMEA hat in den letzten 30 Jahren eine hohe Verbreitung erfahren. Sie kommt wesentlich häufiger als QFD zum Einsatz. Die meisten Fehlermöglichkeits- und -einflussanalysen werden ohne Einbettung in den QFD-Prozess durchgeführt. Der Grund für die breite Akzeptanz der Methode liegt in der hohen Bedeutung von Produkthaftungsrisiken. Im Rahmen von Haftungsklagen muss in den meisten Industrieländern der **Hersteller** vor Gericht **beweisen**, dass er bei Entwicklung, Produktion und In-Verkehr-Bringung eines Produkts den **Stand der Technik** in hinreichendem Maße berücksichtigt hat. Die FMEA-Methode wurde in den 1960er-Jahren bei der NASA im Zuge des Apollo-Programms entwickelt. Als „Ausfall-Effekt-Analyse" ist das Vorgehen nach DIN 25 448 genormt. Damit gehört die Methode unbestritten zum „Stand der Technik" und ist aus Sicht der Gerichte bei **jedem sicherheitsrelevanten Entwicklungsprojekt** durchzuführen.

WIE GEHE ICH VOR?

Eine FMEA läuft grundsätzlich in **vier Schritten** ab, welche, analog zum Vorgehen im QFD-Prozess, von einem möglichst interdisziplinär besetzten Team abgearbeitet werden:

- ▶ Systemabgrenzung,
- ▶ Finden möglicher Fehler,
- ▶ Fehleranalyse,
- ▶ Setzen von Maßnahmen zur Fehlervermeidung.

Im **ersten Schritt**, der Systemabgrenzung, geht es darum, festzulegen, was im Rahmen der FMEA untersucht werden soll. Wie aus Bild 22 ersichtlich ist, kann nämlich jede Fehlerfolge ihrerseits wieder Ursache weiterer Fehler sein und jede Fehlerursache ist möglicherweise Folge weiter zurückliegender Fehler. Grenzt man hier den Untersuchungsraum nicht sorgfältig ein, verliert man schnell den Überblick und läuft Gefahr, dass die Analyse sehr umfangreich wird und in der zur Verfügung stehenden Zeit kein befriedigendes Ergebnis erzielt werden kann.

Untersucht man Fehler, die im Zusammenspiel einzelner Baugruppen oder Komponenten, welche ein zusammenhängendes größeres System bilden, auftreten können, bezeichnet man dies als **System-FMEA**. Werden mögliche Fehler einzelner Komponenten untersucht, spricht man von einer **Konstruktions-FMEA**. Ist das Ziel der Analyse die Vermeidung von Fehlern in Prozessketten z.B. in der Produktion, wird dies als **Prozess-FMEA** bezeichnet (Bild 22). Vom Ablauf her sind System- und Konstruktions-FMEA vollständig identisch. Auf die Besonderheiten der Prozess-FMEA wird in Abschnitt 3.3.3 dieses Bands eingegangen. Zur Dokumentation der FMEA dient ein Formblatt nach DIN 25 448, dessen

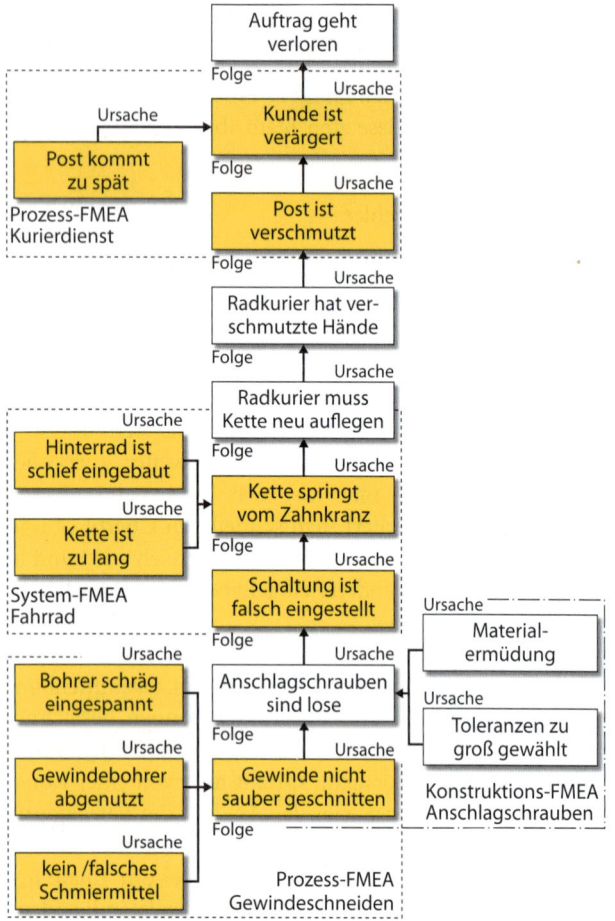

Bild 22: *Fehlerbaum*

Aufbau in Bild 23 dargestellt ist. Das jeweils betrachtete System ist im mit ① gekennzeichneten Bereich des Formulars festzuhalten.

Ziel des **zweiten Schrittes** ist es, möglichst viele potenzielle Fehler festzuhalten. Es spielt dabei keine Rolle, ob die festgehaltenen Fehler tatsächlich schon einmal aufgetreten sind oder ob deren Auftreten für wahrscheinlich gehalten wird. Kriterium ist einzig und allein, ob das Auftreten des Fehlers prinzipiell für möglich gehalten wird. Dementsprechend sind im zweiten Schritt vor allem Kreativitätstechniken (Brainstorming, Methode 6-3-5, Morphologie etc.) einzusetzen. Die Fehler werden in der Regel durch Substantiv-Adjektiv-Kombinationen beschrieben. Das Substantiv gibt an, welches Teil oder welches Merkmal unzureichend ist, das Verb gibt Auskunft über die Art des Mangels. Mögliche Fehlerbeschreibungen sind z. B.: „Behälter undicht", „Oberfläche zerkratzt" oder „Kundenrechnung fehlerhaft".

Nach Abschluss der Kreativitätsphase sind – sofern vorhanden – weitere interne Unterlagen heranzuziehen, um sicherzustellen, dass die wesentlichen Fehler berücksichtigt wurden. Dazu kommen beispielsweise folgende Unterlagen infrage:

▶ Prüfprotokolle,
▶ intern geführte Fehlerlisten,
▶ Reklamationen und Beschwerden von Kundenseite,
▶ Fehlermöglichkeits- und -einflussanalysen von Vorgänger- oder Schwesterprodukten.

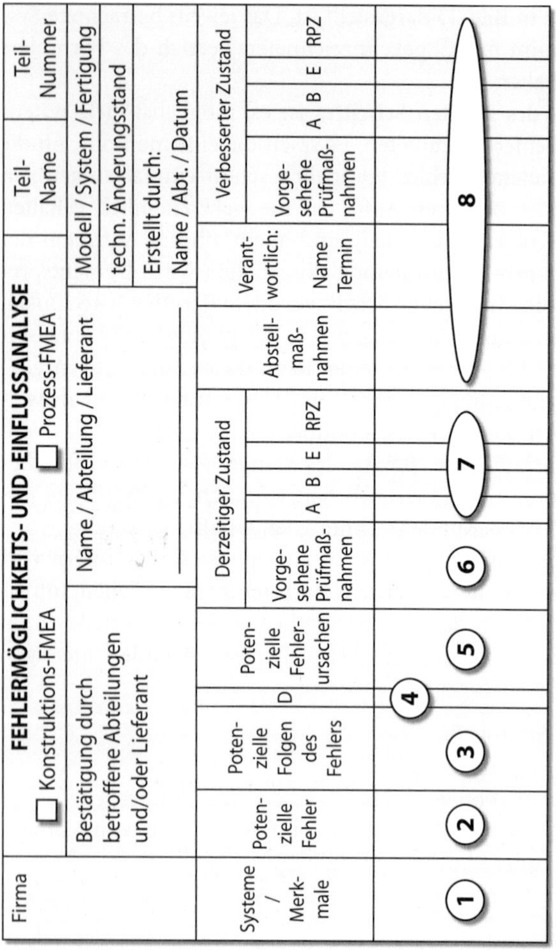

Firma	**FEHLERMÖGLICHKEITS- UND -EINFLUSSANALYSE** ☐ Konstruktions-FMEA ☐ Prozess-FMEA			Teil-Name	Teil-Nummer
	Bestätigung durch betroffene Abteilungen und/oder Lieferant	Name / Abteilung / Lieferant		Modell / System / Fertigung techn. Änderungsstand Erstellt durch: Name / Abt. / Datum	

Systeme / Merk-male	Poten-zielle Fehler	Poten-zielle Folgen des Fehlers	D	Poten-zielle Fehler-ursachen	Vorge-sehene Prüfmaß-nahmen	Derzeitiger Zustand				Abstell-maß-nahmen	Verant-wortlich: Name Termin	Vorge-sehene Prüfmaß-nahmen	Verbesserter Zustand			
						A	B	E	RPZ				A	B	E	RPZ
①	②	③	④	⑤	⑥	⑦				⑧						

Bild 23: *FMEA-Formblatt nach DIN 25 448*

FMEA-Dokumentation

Auch Fehlermöglichkeits- und -einflussanalysen, bei denen die Systemabgrenzung sehr sorgfältig und rigide durchgeführt wurde, können einen erheblichen Umfang annehmen. So kann es durchaus vorkommen, dass die auf DIN A3 ausgedruckten und gefalteten Formblätter mehrere Ordner füllen. Hier stellt der Einsatz geeigneter Software eine wesentliche Arbeitserleichterung dar.

- Es wird vermieden, dass aus Platzgründen (die DIN-25 448-Formblätter sind nicht gerade großzügig formatiert) auf eine ausführliche Dokumentation verzichtet werden muss.
- Verbesserung des Projektcontrollings: Vereinbarte Fehlerabstellmaßnahmen, verantwortliche Personen und Termine können automatisiert in Projektsteuerungssysteme übernommen werden.
- Einfacher Datenzugriff für weitere Fehlermöglichkeits- und -einflussanalysen wird möglich. So können z. B. die Fehlerfolgen einer Prozess-FMEA direkt als Fehlerarten einer entsprechenden Konstruktions-FMEA genutzt werden oder die Daten vorangegangener Fehlermöglichkeits- und -einflussanalysen können zur Beschleunigung der Analyse von Folge- oder Schwesterprodukten herangezogen werden.

Ähnlich wie bereits in Bezug auf QFD geschildert, ist hierbei immer sicherzustellen, dass die Software ein Hilfsmittel bleibt und nicht den Gruppenprozess dominiert.

Nach Abschluss des zweiten Schritts sind sämtliche für relevant erachteten potenziellen Fehler in der mit ② gekennzeichneten Spalte in Bild 23 aufgelistet. Ziel des nun folgenden **dritten Schritts**, der den eigentlichen Kern der FMEA darstellt, ist es, herauszufinden, ob diese Fehler vermieden werden müssen bzw. vermieden werden können. Fehlervermeidung ist oft mit erhöhtem Konstruktions-, Fertigungs- oder Prüfaufwand verbunden. Deshalb können in der Regel nicht sämtliche denkbaren Fehler ausgeschlossen werden. Die Fehlermöglichkeits- und -einflussanalyse fokussiert auf solche Fehler, die gravierender Natur sind, deren Auftreten relativ häufig ist oder die nur sehr schwer vor Auslieferung der Erzeugnisse an die Kunden erkannt werden können, und damit mit Gewährleistungs- und Haftungsrisiken verbunden sind.

Um die Bedeutung eines Fehlers abzuschätzen, werden zunächst in der mit ③ gekennzeichneten Spalte im Formblatt nach Bild 23 potenzielle Fehlerfolgen dargestellt. Man geht davon aus, dass der entsprechende Fehler tatsächlich aufgetreten ist, und die Auswirkungen auf das Bauteil bzw. das Gesamtsystem werden beschrieben. Dazu ist die Perspektive des Kunden einzunehmen; d.h., die Fragestellung lautet immer: „Wie empfindet der Benutzer die Fehlerfolgen?" Zieht ein Fehler mehr als eine Folge nach sich, z.B. „Veränderung des Betriebsgeräuschs" und „Leistungsabfall", ist die jeweils bedeutendere Fehlerfolge anzuführen. Bestehen hierbei Unsicherheiten, können auch mehrere Fehlerfolgen angeführt werden. Potenzielle Fehlerfolgen, die sicherheitsrelevant sind und deren Untersuchung damit gesondert dokumentiert werden muss, werden in Spalte ④ des Formblatts nach Bild 23 markiert („D" steht für „Dokumentationspflichtig"). Generell wird für jeden gelisteten Fehler im Bereich ⑦, Spalte B die Bedeutung des Fehlers in Form eines Zahlenwerts zwischen eins und zehn festgehalten. Tabelle 1 gibt Anhaltspunkte zur Festlegung dieses Zahlenwerts.

Nach Bewertung der Fehlerbedeutung werden im Bereich ⑤ potenzielle Fehlerursachen aufgelistet. Diese können im Normalfall aus der Art des jeweiligen Fehlers abgeleitet werden. Oft kommt mehr als eine Ursache für einen einzelnen Fehler in Betracht. Fehler, deren Ursachen vollständig außerhalb des betrachteten Systems liegen, werden nicht weiterver-

Bedeutung	B
Unbedeutend Es ist unwahrscheinlich, dass der Fehler irgendeine wahrnehmbare Auswirkung auf das Verhalten des Systems haben könnte. Der Kunde wird den Fehler wahrscheinlich nicht bemerken.	1
Geringfügig Der Fehler ist unbedeutend und der Kunde wird nur geringfügig belästigt. Der Kunde wird wahrscheinlich nur eine geringe Beeinträchtigung des Systems bemerken.	2 bis 3
Mittelschwer Mittelschwerer Fehler, der Unzufriedenheit beim Kunden auslöst. Der Kunde fühlt sich durch den Fehler belästigt oder ist verärgert. Der Kunde wird Beeinträchtigungen des Systems bemerken.	4 bis 6
Schwer Schwerer Fehler, löst Verärgerung des Kunden aufgrund des Fehlers aus. Die Systemsicherheit oder eine Nichtübereinstimmung mit den Gesetzen ist hier noch nicht angesprochen.	7 bis 8
Äußerst schwerwiegend Äußerst schwerwiegender Fehler, der zum Ausfall des Systems führt oder möglicherweise die Sicherheit und/oder die Einhaltung gesetzlicher Vorschriften beeinträchtigt.	9 bis 10

Tab. 1: *Fehlerbedeutung (B)*

folgt. Für die verbleibenden Fehler wird die Auftretenswahrscheinlichkeit A aus den Fehlerursachen abgeleitet und im Bereich ⑦ festgehalten. Auch hier wird die Skala von eins bis zehn verwendet, wobei sich die einzelnen Werte aus der statistischen Auftretenswahrscheinlichkeit des jeweiligen Fehlers ableiten (Tabelle 2). Deshalb sollte zur Festlegung dieser Werte möglichst Zahlenmaterial herangezogen werden. Dazu

Auftretenswahrscheinlichkeit	Häufig-keit	A
Unwahrscheinlich Es ist unwahrscheinlich, dass ein Fehler auftritt.	0	1
Sehr gering Konstruktion entspricht generell früheren Entwürfen, für die sehr geringe Fehlerzahlen gemeldet wurden.	1/10 000 1/5000	2 3
Gering Konstruktion entspricht generell früheren Entwürfen, bei denen gelegentlich Fehler auftraten.	1/2000 1/1000 1/200	4 5 6
Mäßig Konstruktion entspricht generell früheren Entwürfen, bei denen immer wieder Schwierig-keiten auftraten.	1/100 1/50	7 8
Hoch Es ist nahezu sicher, dass Fehler in größerem Umfang auftreten werden.	1/10 1/2	9 10

Tab. 2: *Auftretenswahrscheinlichkeit (A)*

können z. B. Prüfprotokolle, Reklamationsstatistiken, Versuchsberichte und Ähnliches verwendet werden.

Ergänzend zu Bedeutung und Auftretenswahrscheinlichkeit wird als dritter Punkt die Entdeckungswahrscheinlichkeit E (Tabelle 3) bestimmt. Dabei geht es darum, die Wahrscheinlichkeit einzuschätzen, dass der Fehler entdeckt wird, bevor das Produkt an den Kunden ausgeliefert wird. Damit bleibt der Schaden begrenzt, da der Hersteller zwar Nacharbeitsaufwand hat, jedoch kein Risiko bezüglich Garantie- oder Haftungsforderungen besteht. Um diese Wahrscheinlichkeit abschätzen zu können, werden in Spalte ⑥ des Formblatts nach Bild 23 die derzeit vorgesehenen Prüfmaß-

Wahrscheinlichkeit der Entdeckung des Fehlers vor Auslieferung an den Kunden	Häufigkeit	E
Sehr hoch Funktioneller Fehler, der bei den nachfolgenden Arbeitsgängen bemerkt wird.	> 99,99 %	1
Hoch Augenscheinliches Fehlermerkmal. Automatische 100-%-Prüfung eines einfachen Merkmals.	> 99,7 %	2 bis 5
Mäßig Leicht zu erkennendes Fehlermerkmal. Automatische 100-%-Prüfung eines messbaren Merkmals.	> 98 %	6 bis 8
Gering Nicht leicht zu erkennendes Fehlermerkmal. Visuelle oder manuelle 100-%-Prüfung.	> 90 %	9
Unwahrscheinlich Das Merkmal wird nicht geprüft bzw. kann nicht geprüft werden. Verdeckter Fehler, der in der Fertigung oder Montage nicht entdeckt wird.	< 90 %	10

Tab. 3: *Entdeckungswahrscheinlichkeit (E)*

nahmen aufgelistet. Offensichtliche, einfach zu prüfende bzw. leicht zu erkennende Fehler erhalten niedrige Bewertungszahlen, versteckte Fehler, die sich nur durch zerstörende Prüfungen feststellen lassen oder die überhaupt nicht durch Prüfungen festgestellt werden können, werden mit dem Maximalwert zehn bewertet. Die Entdeckungswahrscheinlichkeiten werden in Spalte ⑦ festgehalten.

Zur abschließenden Fehlerbeurteilung wird die sogenannte **Risikoprioritätszahl** (RPZ), das Produkt aus **Fehlerbedeutung B · Auftretenswahrscheinlichkeit A · Entdeckungswahrscheinlichkeit E** verwendet. Für Fehler mit vergleichsweise hohen RPZ-Werten und Fehler deren Einzelbewertungen B, A oder E bei neun oder zehn liegen, muss untersucht werden, ob Abstellmaßnahmen gefunden und umgesetzt werden können. Fehler mit vergleichsweise niedrigen RPZ-Werten werden als tolerierbar eingestuft und nicht weiterbearbeitet.

In einigen Verfahrensanweisungen zur FMEA finden sich konkrete Schwellenwerte für die Risikoprioritätszahl, wobei meist RPZ-Werte > 125 als kritisch eingestuft werden. Die Höhe der Risikoprioritätszahl hängt jedoch stark von der Art des untersuchten Systems ab, sodass von der Verwendung derartiger Schwellenwerte abgeraten werden muss. Besser ist es, durch Vergleich der jeweils ermittelten RPZ-Werte untereinander kritische Fehler zu identifizieren.

Beim Studium der Tabellen 2 (Auftretenswahrscheinlichkeit A) und 3 (Entdeckungswahrscheinlichkeit E) fällt auf, dass die dort angegebenen Zahlenwerte relativ hoch gewählt sind. Welche Wahrscheinlichkeiten tatsächlich als „gering" bzw. „hoch" einzustufen sind, hängt von der Art der Leistung und dem Standard in der jeweiligen Branche ab: Ein Automobilzulieferbetrieb, der im ppm-Bereich operieren muss, wird die Fehlerraten in sinnvoller Weise nach unten korrigieren, ein Hersteller für PC-Software für den Privatgebrauch wird höhere Fehlerraten als tolerierbar hinnehmen.

Im **vierten Schritt** des FMEA-Prozesses geht es darum, Abstellmaßnahmen für die als kritisch identifizierten Fehler zu finden. Mögliche Abstellmaßnahmen sind:

▶ Vorsehen von Redundanzen/zusätzlichen Sicherungsmaßnahmen oder von Einschränkungen zulässiger Betriebszustände („not for professional use"), welche die Fehlerbedeutung B vermindern.

▶ Konstruktive Änderungen oder alternative Herstellverfahren, welche die Auftretenswahrscheinlichkeit A eines Fehlers vermindern.

▶ Vorsehen zusätzlicher Prüfmaßnahmen, welche die Entdeckungswahrscheinlichkeit E verbessern.

Natürlich muss davon ausgegangen werden, dass nicht immer für jeden als kritisch eingestuften Fehler Abstellmaßnahmen gefunden werden können. Aber die FMEA zwingt die Beteiligten dazu, in systematischer Weise, Fehler für Fehler, zu untersuchen, ob Abstellmöglichkeiten vorliegen. Können diese nicht gefunden werden, ist auch das zu dokumentieren und es ist zu entscheiden, ob das Unternehmen bereit ist, das Risiko zu tragen, oder eine grundsätzlich andere Lösung für das entsprechende Produkt/den untersuchten Prozess/das betrachtete System (je nach Betrachtungsumfang der entsprechenden FMEA) gefunden werden muss.

Die vereinbarten Abstellmaßnahmen werden mit Verantwortlichkeit und Termin versehen im Bereich ⑧ des Formblatts nach Bild 23 festgehalten. Ebenso wird der mittels dieser Maßnahmen erreichbare verbesserte Zustand hinsichtlich A, B, E und RPZ festgehalten. Es ist Sache des Projektverantwortlichen, die Umsetzung dieser Maßnahmen zu koordinieren. Die Durchführung von Fehlermöglichkeits- und -einflussanalysen stellt somit einen integrierten Bestandteil zeitgemäßer Entwicklungsprojekte dar und ist aus der heutigen Unternehmenspraxis nicht mehr wegzudenken. Weitere Informationen zur FMEA finden Sie im Pocket-Power-Band 002 [Theden 2005].

3 Planungsinstrumente zur Kostenführerschaft

3.1 Zielkosten definieren

WORUM GEHT ES?

Im vorangegangenen Kapitel stand die Umsetzung der Differenzierungsstrategie und damit die Planung und Realisierung qualitativ besonders hochwertiger Leistungen im Vordergrund. Im Gegensatz dazu widmet sich dieses Kapitel der Qualitätsplanung bei Unternehmen, die die Kostenführerschaft anstreben. Damit verschiebt sich der Fokus von der Realisierung besonderer Produkteigenschaften zur Realisierung besonders niedriger Herstellkosten bei ausreichender Produktqualität. Da auch in diesem Fall ohne Planung keine sinnvolle Kontrolle möglich ist, muss zunächst präzise – d.h. zahlenmäßig – festgelegt werden, was im Einzelfall unter „besonders niedrigen Herstellkosten" zu verstehen ist. Diese Aufgabe ist in modernen Unternehmen, welche einen hohen Automatisierungsgrad aufweisen, nicht leicht zu lösen. Dort machen die direkten Produktionskosten (Material, Fertigungslöhne) nur einen kleinen Prozentsatz der Gesamtkosten aus; der Hauptkostenblock besteht aus indirekten, kurzfristig meist fixen Kosten, die keinen direkten Bezug zur jeweiligen Produktionsmenge aufweisen. Das heißt, es sind sowohl Produkt- als auch Prozesskosten zu planen und zu steuern, um sicherzustellen, dass das Unternehmen die gewählte Strategievariante auch umsetzen kann.

WAS BRINGT ES?

Kostenführerschaft ist nicht immer mit Preisführerschaft gleichzusetzen. Niedrige Kosten resultieren jedoch fast immer aus großen Absatzmengen (Fixkostendegression). Große Absatzmengen können nur dann erwartet werden, wenn entweder die entsprechenden Märkte stark wachsen oder in größerem Maße Kunden der Konkurrenz abgeworben werden können. Dabei spielt der Faktor Preis eine wesentliche Rolle. Die Kostenposition des Unternehmens stellt die Preisgrenze nach unten dar. Um auf eventuelle Attacken von Wettbewerbern reagieren zu können, muss der Kostenführer über Preisspielraum nach unten verfügen. Dieser Spielraum steht nur dann zur Verfügung, wenn die Kosten entsprechend niedrig gehalten werden können. Deshalb spielt die Festlegung von Zielkosten hier eine so wichtige Rolle.

Skimming-Pricing

Kommen eine attraktive Kostenposition und neue, attraktive Produkte zusammen, setzen manche Hersteller die Verkaufspreise zunächst weit über den Kosten an und schöpfen so zusätzliche Erträge ab (sogenanntes „Skimming"). Sind jene Kunden, die über die höchste Zahlungsbereitschaft verfügen, mit dem neuen Produkt versorgt, erfolgt eine Preissenkung, um das nächste, breitere und weniger zahlungsbereite Kundensegment zu erschließen; dann erfolgt die nächste Preissenkungsrunde und so weiter, bis das Produkt zum Convenience-Artikel geworden ist. Dieses Vorgehen hat den Vorteil, dass die hohen Anfangserträge zur Verbreiterung der Produktionsbasis reinvestiert werden können und so die Schmälerung der Margen durch verbesserte Produktionsprozesse aufgefangen werden kann. Beispiele für Skimming bieten: CD-Brenner, Digitalkameras, Mobiltelefone etc.

WIE GEHE ICH VOR?

Zielkosten können grundsätzlich auf drei verschiedene Arten bestimmt werden:

▶ **Zielkostenableitung aus dem Wettbewerb:** Hat ein Unternehmen noch nicht die Marktführerschaft erreicht, können die Zielkosten aus den vom stärksten Konkurrenten angebotenen Preisen abgeleitet werden. Dabei gilt die Formel: **Preis des Konkurrenten − branchenübliche Gewinnmarge = Zielkosten**. Kurzfristige Schwankungen, d.h. Preise, die ein Konkurrent auf längere Sicht nicht aufrechterhalten kann, sind dabei zu korrigieren. Es ist dringend davon abzuraten, Abstriche bei der branchenüblichen Gewinnmarge zu machen, um weniger ambitionierte Zielkostenvorgaben zu erhalten. Es besteht sonst die Gefahr, dass die Renditeerwartungen der Kapitalgeber nicht erfüllt werden und das Kapital abgezogen oder das Management ausgetauscht wird. Anhaltspunkte dazu, was als branchenübliche Gewinnmarge anzusehen ist, gibt die Analyse der Geschäftsberichte von börsennotierten Unternehmen.

▶ **Zielkostenableitung aus der eigenen Kostenposition:** Hat ein Unternehmen bereits die Kostenführerschaftsposition erreicht, ist die Ableitung von Zielvorgaben aus dem Wettbewerb wenig sinnvoll. In diesem Fall besteht die Gefahr, dass die Kostenziele zu niedrig angesetzt werden und die Kostenführerschaftsposition in Gefahr gerät. Jetzt ist es besser, die eigene Istposition als Vergleichsmaßstab heranzuziehen. Ergebnisse der PIMS-Studie (siehe Abschnitt 1.1.3) zeigen, dass es guten Unternehmen gelingt, jeweils mit der Verdoppelung der kumulierten Produktionsmenge eine Stückkostenreduktion um bis zu 15 % zu erzielen. Zulieferunternehmen, z.B. im Automobilbereich, müssen aufgrund dieser Tatsache oft bereits bei Vertragsabschluss regelmäßige Preissenkungen zusichern. Aus der in Bild 24 dargestellten Erfahrungskurve können Zielkostenvorgaben abgeleitet werden. Der **Erfahrungskurveneffekt** beruht nicht auf Fixkostendegression, sondern auf dem mit der Produktionsmenge wachsenden Erfahrungsschatz, welcher für Prozessverbesserungen genutzt werden kann. Diese Prozessverbesserungen stellen sich allerdings nicht von selbst ein, sondern es bedarf gezielter Managementmaßnahmen und eines geeigneten Umfelds, damit Lerneffekte Wirkung zeigen.

▶ **Zielkostenableitung mittels Benchmarking:** Benchmarking ist definiert als das Lernen vom jeweils besten Unternehmen einer bestimmten Branche oder von dem Unternehmen, das einen bestimmten Prozess am besten beherrscht. Der direkte Konkurrenzvergleich wurde im Punkt „Ableitung aus dem Wettbewerb" behandelt. Wirklich neue Impulse liefert Benchmarking meist dann, wenn nicht direkte Wettbewerber angesprochen sind, sondern wenn Erfahrungen von Vergleichsunternehmen, die in

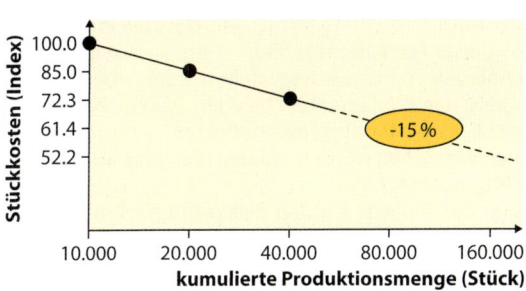

Bild 24: *Erfahrungskurve*

völlig anderen Bereichen tätig sind, übertragen werden. So gibt z.B. die im Bereich Flachbildschirme für Personal-Computer erzielte Kostenreduktion einen Anhaltspunkt dafür, was im Bereich Fernsehbildschirme möglich ist, oder die Bestellabwicklungskosten von Versandhandels-unternehmen werden als Benchmark für interne Logistik-abläufe anderer Unternehmen herangezogen.

Nach der Definition der Gesamtzielkosten werden diese auf Produkte und Prozesse heruntergebrochen (Bild 25). Der nächste Abschnitt zeigt, welche Qualitätsplanungsinstru-mente im Bereich Produktkostenplanung eingesetzt werden können, während sich der übernächste Abschnitt der Pro-zesskostenplanung widmet. Vertiefende Informationen zum Target-Costing finden Sie im Pocket-Power-Band 114 [Din-ger 2002].

Produkt- und Prozessbenchmarking bei Rank Xerox

Mitte der 1980er-Jahre analysierte Rank Xerox im Rahmen eines Benchmarking-Projekts die zu weit günstige-ren Preisen angebotenen Kopiergeräte japanischer Konkur-renzhersteller. Dabei wurde im Rahmen einer sogenannten Outside-in-Untersuchung festgestellt, dass die Produktions-kosten dieser Konkurrenzgeräte, wären sie auf den dama-ligen Anlagen von Xerox hergestellt worden, über dem Ver-kaufspreis der Konkurrenten gelegen wären. Xerox hatte also nicht nur ein Problem mit Produkten, die vom Markt als zu teuer angesehen wurden, sondern verfügte auch über zu hohe Prozesskosten.

Im Zuge des Projekts wurden Zielkosten für Produkte und Prozesse bestimmt und Wege zu deren Erreichung gefun-den, die Rank Xerox schließlich 1992 zum Gewinn des ersten European Quality Award qualifizierten.

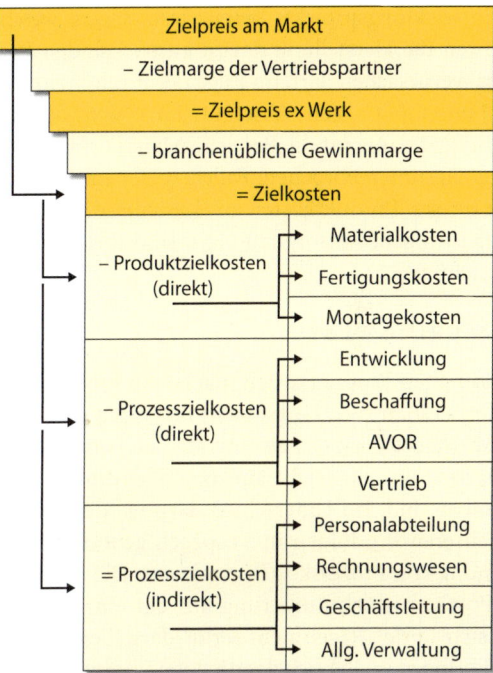

Bild 25: *Herunterbrechen der Zielkosten*

3.2 Produktkosten planen

WORUM GEHT ES?

Je nach Produkt und Branche variiert der Anteil der direkten Herstellkosten an den Gesamtkosten einer Leistung. In den allermeisten Fällen ist dieser Kostenblock jedoch so bedeutend, dass in diesem Bereich zwingend Zielkostenvorgaben getroffen werden müssen. Das heißt, es ist zu Beginn eines Entwicklungsprojekts bereits festzulegen, welche Gesamtkosten die Herstellung des zu entwickelnden Produkts maximal verursachen darf. Im Zuge der Produktentwicklung (QFD 2 und QFD 3, siehe Abschnitt 2.3.1) wird das Herstellkostenbudget dann auf die Bereiche Material, Fertigung und Montage heruntergebrochen. Fallen später im Lebenszyklus weitere direkte Produktkosten an (kostenlose Garantie- und Serviceleistungen, Entsorgung etc.), sind diese ebenfalls zu berücksichtigen.

WAS BRINGT ES?

Die direkten Produktkosten machen in modernen Industrieunternehmen zwar längst nicht mehr den größten Anteil der Gesamtkosten einer Leistung aus, sie haben jedoch den Vorteil, dass sie sehr leicht auf die entsprechende Leistung zuordenbar sind. Im Unterschied dazu werden Prozesse oft von mehreren Produkten in Anspruch genommen, was die Zuordnung von Prozesskosten erschwert. Die Auswirkungen einer Prozesskostenoptimierung auf ein einzelnes Produkt lassen sich in der Regel nicht seriös darstellen, wohingegen Veränderungen im Bereich der direkten Produktkosten direkt zum **Erfolg des einzelnen Produkts** beitragen. Da die Möglichkeiten der Entwicklungsteams, auf gesamtbetriebliche Prozesse Einfluss zu nehmen, oft beschränkt sind, ist es wichtig, über Zielvorgaben auf der – vom Entwicklungsteam gestaltbaren – Ebene der direkten Produktkosten zu verfügen.

WIE GEHE ICH VOR?

Die ersten Entwürfe für ein neues Produkt weisen meist zu hohe Herstellkosten auf. Das heißt, die Realisierung der Produktzielkosten läuft auf die iterative Überarbeitung der Entwürfe hinsichtlich möglicher Kostensenkungspotenziale hinaus. Dazu kann das gesamte wertanalytische Instrumentarium zur Anwendung kommen. Im Prinzip bestehen immer drei Möglichkeiten, Kosten zu senken:

▶ Senkung von Materialkosten durch andere Materialwahl, geänderte Fertigungsverfahren, Erweiterung zulässiger Fertigungstoleranzen etc.

▶ Senkung der Teileanzahl durch Integration bisher getrennter Komponenten bzw. Überarbeitung der Gesamtkonstruktion.

▶ Nützen der Skalenvorteile anderer Unternehmen, indem Zukaufteile bzw. Normteile verwendet werden.

Während der erste Punkt schwerpunktmäßig den Fertigungsprozess betrifft und deshalb in Abschnitt 3.3 behandelt wird, werden der zweite und dritte Punkt im Folgenden kurz erläutert.

Eine detaillierte Beschreibung, wie die Lebenszykluskosten eines Produkts zu ermitteln sind, findet sich im Pocket-Power-Band 016 [Wilmes 2000].

3.2.1 Baukastenkonzepte

Die direkten Kosten eines Bauteils werden nicht nur durch das enthaltene Material und den anfallenden Fertigungsaufwand bestimmt, sondern sie enthalten in nicht unerheblichem Ausmaß Prozesskostenanteile. Es muss jedes Teil entwickelt und geprüft, eine Teilenummer vergeben, ein Arbeitsplan erstellt und es müssen Prüfpläne ausgearbeitet werden etc. Diese indirekten Kosten sind bei einfachen Teilen oft um ein Vielfaches höher als der Material- und Fertigungsaufwand für ein derartiges Bauteil. In solchen Fällen lohnt es sich, bereits vorhandene Teile einzusetzen, auch wenn diese aufwändiger gestaltet sind, als dies für den neu hinzukommenden Anwendungsfall notwendig wäre. Die größte Schwierigkeit hierbei ist, dass die Hersteller oft über keine geeignete Übersicht zu bereits eingeführten Bauteilen verfügen. Eine unternehmensweite Teiledatenbank mit geeigneten Suchfunktionen ist unbedingt aufzubauen, wenn Gleichteilekonzepte erfolgreich eingesetzt werden sollen. Gut durchdachte Gleichteilelösungen können so weit gehen, dass ein Standardbaukasten entwickelt wird und sich die Entwicklung neuer Produkte grundsätzlich aus diesem Baukasten bedienen muss.

Verbreiterung der Produktpalette mittels Softwarevariationen

Die Veränderung der Software und marginale Designanpassungen können aus ein und demselben physischen Produkt, das in großen Stückzahlen produziert werden kann, eine ganze Baureihe machen. Dieses Vorgehen kann z. B. bei Mobiltelefonen oder Computerdruckern beobachtet werden.

Nike.com-Turnschuhbaukasten

Auf der Homepage des Sportartikelherstellers Nike findet sich ein Bereich, wo sich die Kunden aus einem Standardangebot von Sohlen, Oberleder und Applikationen in unterschiedlichen Farben und Materialien Sportschuhe zusammenstellen können. Diese Einzelstücke können individuell bestellt werden und Nike liefert binnen weniger Tage.

Nike verknüpft damit den Vorteil eines Baukastenkonzepts mit der Möglichkeit, hochindividuell auf Kundenwünsche einzugehen. Kostenreduktion und Differenzierung gehen damit Hand in Hand. Zusätzlich stellen die Individualbestellungen einen Trendindikator dar und werden zur Entwicklung neuer Standardmodelle herangezogen.

3.2.2 Outsourcing/Insourcing

Die konsequente Weiterentwicklung des Gleichteilegedankens führt dahin, dass Vorteile, die durch die Massenfertigung gleicher Teile entstehen, auch dann genützt werden sollten, wenn die Massenfertigung außerhalb des jeweiligen Unternehmens erfolgt. Kann ein qualitativ ausreichendes Bauteil extern günstiger bezogen werden, als die Fertigung im eigenen Hause kosten würde, ist auszulagern. Dabei müssen allerdings folgende Punkte beachtet werden:

▶ **Kernkompetenzen:** Bauteile oder Prozesse, die für die strategische Positionierung des Unternehmens maßgeblich sind, dürfen niemals ausgelagert werden.

▶ **Know-how:** Verfügt das Unternehmen über Erfahrungen mit bestimmten Bauteilen oder Prozessen, die einen Wettbewerbsvorteil darstellen, jedoch nicht als Kernkompetenz definiert sind, ist es vorteilhafter, dafür ein spezielles Unternehmen neu zu gründen oder den betreffenden Unternehmensteil mit einem Zulieferunternehmen zu fusionieren. So wird der Wert des Know-hows finanziell abgegolten.

▶ **Qualität:** Weist ein Zulieferer Kostenvorteile auf, kann aber die Erwartungen des Unternehmens hinsichtlich Spezifikationserfüllung, Lieferterminen, Serviceleistungen etc. nicht erfüllen, ist genau zu prüfen, ob dadurch entstehende Zusatzkosten nicht den Vorteil günstigerer Einkaufspreise aufwiegen.

▶ **Kapazitätsauslastung:** Kapazitätsengpässe können kurzfristig zur Auslagerung zwingen. In Unterauslastungssituationen ist jedoch grundsätzlich zu prüfen, ob durch die Auslagerung nicht Leerkosten entstehen, die den Kostenvorteil der Auslagerung aufwiegen.

Diese Argumente gelten in beide Richtungen. Neuerdings ist zu beobachten, dass Unternehmen vermehrt dazu übergehen, bislang bezogene Leistungen wieder selbst zu erstellen, was als Insourcing bezeichnet wird.

3.3 Prozesskosten planen

3.3.1 Prozesskostenmanagement

WORUM GEHT ES?

Indirekte Aktivitäten, d.h. Marketing-, Entwicklungs-, Planungs- und Verwaltungsprozesse etc., verursachen den Hauptteil der Kosten eines modernen Industrieunternehmens. Ohne Berücksichtigung dieser Kosten ist keine sinnvolle Zielkostenplanung möglich. Das heißt, genauso wie die Zielkosten bezüglich Material-, Fertigungs- und Montagekosten geplant werden müssen, müssen Zielwerte für indirekte Kosten definiert und muss deren Einhaltung überwacht werden. Weil die Zuordnung dieser Kosten auf einzelne Produkte oft nicht möglich ist, steht hier nicht das einzelne Produkt, sondern das Unternehmen als Ganzes im Zentrum der Betrachtung.

WAS BRINGT ES?

Wie Parkinson anhand des Umfangs der britischen Admiralität während und nach dem Ersten Weltkrieg gezeigt hat, tendieren große Organisationen immanent dazu, sich selbst zu vergrößern [PARKINSON 2005]. Dieser Zusammenhang ist auch bei Unternehmen zu beobachten. Da indirekte Bereiche keine Umsätze generieren, sind sie nicht der permanenten Beurteilung durch den Markt unterworfen und es ist sehr schwer, ihre Erfolgsbeiträge quantitativ zu fassen. Deshalb ist es umso wichtiger, hier durch ambitionierte Zielvorgaben für wirtschaftlichen Mitteleinsatz zu sorgen.

WIE GEHE ICH VOR?

Jeder Managementprozess folgt dem Deming-Zyklus Planen – Durchführen – Kontrollieren – Verbessern [DEMING 1986]. Dies ist nur anhand konkreter, d.h. zahlenmäßiger Informationen möglich. Auch die Planung der Prozesskosten bedarf einer entsprechenden Datenbasis. Da die wenigsten Unternehmen ihre Kostenrechnung so strukturiert haben, dass Informationen auf Prozessebene vorliegen, erfolgen in den meisten Fällen die Zielvorgaben auf der Ebene einzelner indirekter Kostenstellen in der Form von Budgets. Weil Prozesse typischerweise quer über mehrere Kostenstellen hinweg verlaufen, können diese Zielvorgaben nur dann ohne Qualitätseinbußen umgesetzt werden, wenn kostenstellenübergreifende Optimierungsteams gebildet werden. Andernfalls setzt man sich der Gefahr aus, dass Optimierungsmaßnahmen im Bereich einer Kostenstelle an anderer Stelle negative Auswirkungen zeigen. Bild 26 verdeutlicht dies am Beispiel des Beschaffungsprozesses.

Grundsätzlich bestehen drei Möglichkeiten zur Reduktion von Prozesskosten, wie in Bild 27 dargestellt.

▶ **Weglassen von Teilprozessen:** Diese Möglichkeit muss immer dann in Erwägung gezogen werden, wenn die entsprechenden Teilprozesse keinen Beitrag zur Wertschöp-

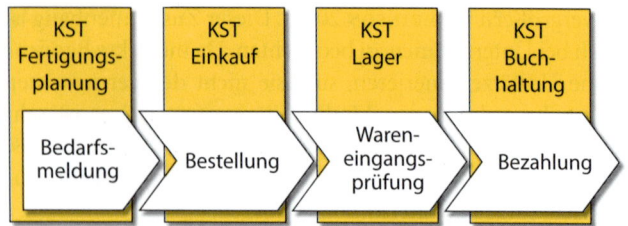

Bild 26: *Kostenstellenübergreifender Prozess*

fung liefern (Prüf-, Transport- oder Lagerprozesse) oder wenn der entsprechende Teilprozessschritt in einen vor- oder nachlaufenden Schritt integriert werden kann (Feindrehen anstelle von Drehen und Schleifen). Die Wertschöpfungsbeiträge indirekter Prozesse sind grundsätzlich schwierig zu ermitteln. In diesen Fällen hilft es, im Team die Frage zu diskutieren: „Was würde kurz- bzw. langfristig geschehen, wenn der entsprechende Teilprozess nicht mehr ausgeführt würde?"

▶ **Reduktion von Kostentreibermengen:** Als Kostentreiber bezeichnet man die Größe, die die Anzahl der Durchführungen eines Prozesses bestimmt. Sämtliche Maßnahmen, die in die Richtung gehen, Teilschritte für mehrere Prozesse gleichzeitig zu erledigen, fallen unter diese Rubrik. So dient z. B. die Einführung von Mindestbestellmengen der Vereinfachung des Zahlungsverkehrs.

▶ **Effizienzsteigerung auf Teilprozessebene:** Maßnahmen, die die Ausführung eines einzelnen Teilprozesses günstiger, schneller oder qualitativ besser machen. Beispielsweise der Abschluss von Rahmenvereinbarungen mit Lieferanten, um die Bearbeitungszeit von Bestellungen zu verkürzen.

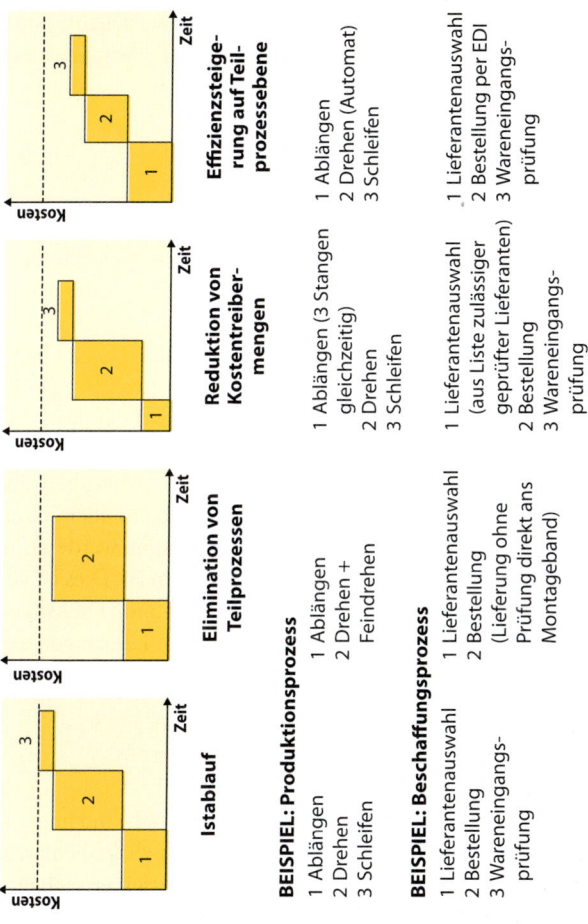

Istablauf

1 Ablängen
2 Drehen
3 Schleifen

Elimination von Teilprozessen

1 Ablängen
2 Drehen +
  Feindrehen

Reduktion von Kostentreiber- mengen

1 Ablängen (3 Stangen gleichzeitig)
2 Drehen
3 Schleifen

Effizienzsteige- rung auf Teil- prozessebene

1 Ablängen
2 Drehen (Automat)
3 Schleifen

BEISPIEL: Produktionsprozess

BEISPIEL: Beschaffungsprozess

1 Lieferantenauswahl
2 Bestellung
3 Wareneingangs- prüfung

1 Lieferantenauswahl
2 Bestellung
  (Lieferung ohne Prüfung direkt ans Montageband)

1 Lieferantenauswahl
  (aus Liste zulässiger geprüfter Lieferanten)
2 Bestellung
3 Wareneingangs- prüfung

1 Lieferantenauswahl
2 Bestellung per EDI
3 Wareneingangs- prüfung

Bild 27: *Prozessoptimierung*

Weitere Ansätze zur Verbesserung der Prozessleistung sind im Pocket-Power-Band 012 [FÜERMANN 2002] beschrieben.

3.3.2 Statistische Prozesssteuerung

WORUM GEHT ES?

Ein wesentliches Kriterium zur Beurteilung der Prozessqualität ist die Zuverlässigkeit des Prozesses. Instabile Prozesse, die gelegentlich Fehlleistungen zeigen, verursachen zusätzlichen Prüf- und Nacharbeitsaufwand und sind deshalb ein wesentlicher Kostenfaktor. So wurden bereits während des Zweiten Weltkriegs Methoden entwickelt, die es erlauben, die Prozessqualität zu beurteilen und den notwendigen Prüfaufwand auf ein Minimum zu beschränken, ohne Qualitätsrisiken einzugehen. Diese Methoden beruhen auf statistischen Verfahren und kommen deshalb vor allem dann zum Einsatz, wenn Prozesse sehr oft durchlaufen werden und Datenmaterial in großem Umfang vorhanden ist. Dies ist vor allem bei Fertigungsprozessen der Fall. Aber auch Dienstleistungsunternehmen, die stark standardisierte Leistungen anbieten, wie z. B. Callcenter, setzen die Statistische Prozesssteuerung (SPC) erfolgreich ein.

WAS BRINGT ES?

Null Fehler bzw. Fehlerraten im ppm-Bereich sind heutzutage in vielen Branchen Standard. Derart niedrige Fehlerraten lassen sich nur mit SPC-geführten Prozessen erreichen.

Aber auch Unternehmen, die sich in einem fehlertoleranten Umfeld bewegen, ziehen Nutzen aus der SPC-Anwendung: Jeder Fehler verursacht Kosten, entweder interne Ausschuss- oder Nacharbeitskosten oder externe Kosten wie

Kosten für Garantieleistungen bzw. Opportunitätskosten, die durch die Abwanderung verärgerter Kunden entstehen. Es lässt sich zeigen, dass eine mathematische Beziehung zwischen dem Grad der Prozessbeherrschung und der Höhe dieser Fehlerkosten besteht. Je besser es einem Unternehmen gelingt, – intern oder extern vorgegebene – Zielspezifikationen präzise zu erfüllen, desto geringer fallen die Fehlerkosten aus. Dabei kommt es nicht darauf an, innerhalb eines zulässigen Toleranzrahmens zu liegen, sondern je präziser die jeweiligen Idealwerte getroffen werden, desto besser. Um diese Fähigkeit zur Präzision einschätzen zu können und Optimierungsmaßnahmen an den richtigen Stellen zu platzieren, bedarf es statistischer Analysen.

WIE GEHE ICH VOR?

Grundsätzlich handelt es sich bei SPC um ein sehr weites Spektrum unterschiedlicher Steuerungsinstrumente, sodass im hier zur Verfügung stehenden Rahmen nur ein grober Überblick gegeben werden kann. Prinzipiell sind folgende Schritte notwendig, um einen Prozess SPC-fähig zu machen:

Definition der Zielgrößen: Zu erreichende Zielgrößen inklusive zulässiger Toleranzen müssen bekannt und mit hinreichender Präzision messbar sein. Stabile Messverfahren sind eine Grundvoraussetzung zur Schaffung stabiler Prozesse.

Bestimmung der Prozessfähigkeit: Für jede Zielgröße sind per zufälliger Auswahl aus dem laufenden Prozess Messwerte aufzunehmen. Bild 28 zeigt beispielhaft zehn Messwerte, wie sie sich z. B. beim Ablängen von Bolzen auf den Zielwert 5,00 ergeben könnten. Die Verteilung dieser Messwerte um den Idealwert 5,00 gibt an, wie gut der Prozess un-

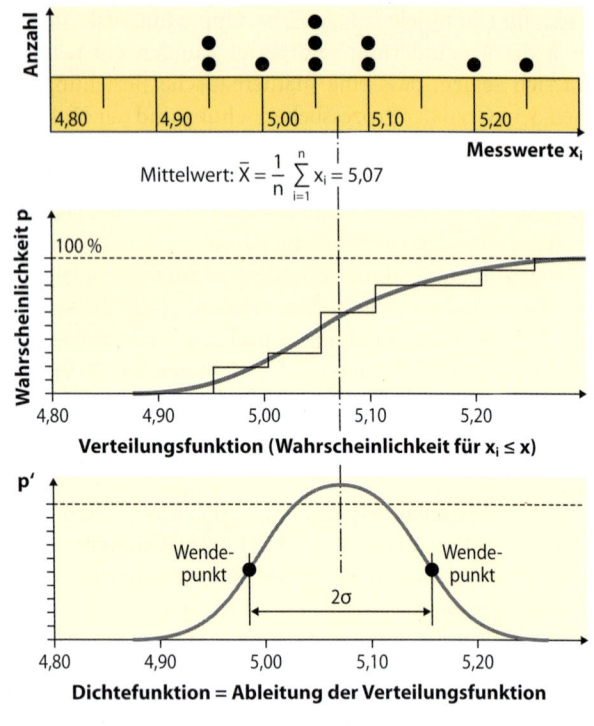

Mittelwert: $\bar{X} = \dfrac{1}{n} \sum\limits_{i=1}^{n} x_i = 5{,}07$

Verteilungsfunktion (Wahrscheinlichkeit für $x_i \leq x$)

Dichtefunktion = Ableitung der Verteilungsfunktion

Standardabweichung: $\sigma = \sqrt{\dfrac{1}{n} \sum\limits_{i=1}^{n} (x_i - \bar{X})^2} = 0{,}093$

Bild 28: *Verteilungsmaße*

ter Kontrolle ist. Dazu wird die Standardabweichung σ, wie in Bild 28 dargestellt, berechnet.

Tabelle 4 zeigt die Berechnung zu Bild 28 Schritt für Schritt. Da schon einfache Taschenrechner ebenso wie CAQ-Systeme für professionelle Anwender über einen vorpro-

Messwerte x_i	Mittelwert $\bar{x}$	$x_i - x$	$(x_i - \bar{x})^2$
4,95		− 0,12	0,0144
4,95		− 0,12	0,0144
5,00		− 0,07	0,0049
5,05		− 0,02	0,0004
5,05	5,07	− 0,02	0,0004
5,05		− 0,02	0,0004
5,10		0,03	0,0009
5,10		0,03	0,0009
5,20		0,13	0,0169
5,25		0,18	0,0324
Varianz = Mittelwert aus $(x_i - \bar{x})^2$			0,0086
Standardabweichung = Wurzel aus Varianz			0,093

Tab. 4: *Beispiel zur Berechnung der Standardabweichung*

grammierten Algorithmus zur Berechnung der Standardabweichung verfügen, muss in der Praxis diese Berechnung nicht händisch vorgenommen werden.

Die Relation der Standardabweichung zur zulässigen Toleranzbreite ist üblicherweise das zur Bestimmung der Prozessfähigkeit verwendete Kriterium. Für einen SPC-steuerbaren Prozess wird gefordert, dass die sechsfache Standardabweichung nicht mehr als 75 % der zulässigen Toleranzbreite ausmachen darf. Das Verhältnis Toleranzbreite zur sechsfachen Standardabweichung wird im **Prozessfähigkeitsindex C_p** ausgedrückt (Bild 29).

Bei einem fähigen Prozess haben zufällig auftretende

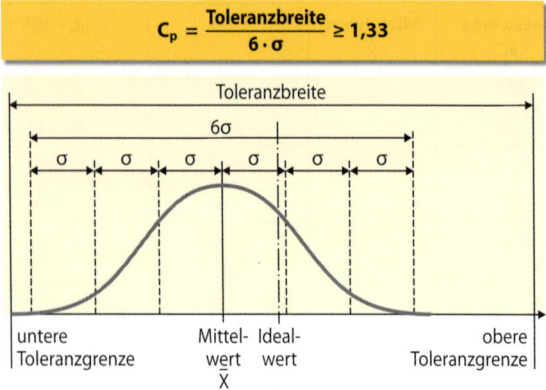

$$C_p = \frac{\text{Toleranzbreite}}{6 \cdot \sigma} \geq 1{,}33$$

Bild 29: *Prozessfähigkeitsindex C_p*

Schwankungen um den Mittelwert keinen nennenswerten Einfluss auf die Zielwerterreichung. Damit ist jedoch noch nicht sichergestellt, dass der Mittelwert der Messwerte auch ausreichend nahe am angestrebten Zielwert liegt. Deshalb wird für fähige Prozesse der Prozessführungsindex festgestellt. Dieser Index ermittelt sich aus dem Verhältnis des Abstands des Mittelwerts der Messwerte zur nächstgelegenen Toleranzgrenze zur dreifachen Standardabweichung (Bild 30). Dieses Verhältnis bezeichnet man als **Prozessführungsindex C_{pk}**. Auch hier gilt als Zielwert $C_{pk} \geq 1{,}33$. Bei geführten Prozessen darf die dreifache Standardabweichung nicht mehr als 75 % des Abstandes vom Mittelwert der Messwerte zur nächstgelegenen Toleranzgrenze ausmachen.

Nur fähige und geführte Prozesse, sogenannte Six-Sigma-Prozesse, sind SPC-geeignet. Liegen C_p oder C_{pk} unter 1,33, sind zunächst Maßnahmen zu ergreifen, um den Prozess zu stabilisieren. Bei diesen Maßnahmen handelt es sich in der

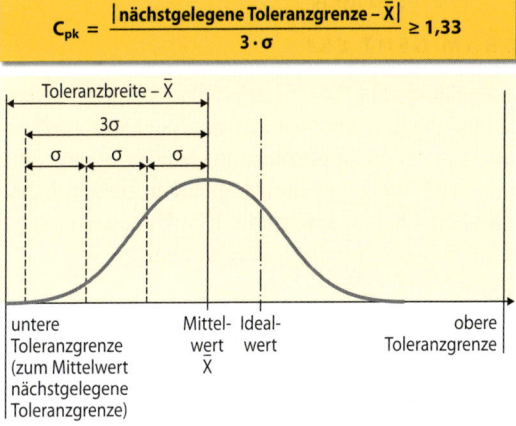

$$C_{pk} = \frac{|\text{nächstgelegene Toleranzgrenze} - \bar{X}|}{3 \cdot \sigma} \geq 1{,}33$$

Bild 30: *Prozessführungsindex C_{pk}*

Regel um die Änderung von Einstellparametern, Vorgabe-zeiten, zulässigen Randbedingungen wie Raumtemperatur, Zustand und Art der verwendeten Werkzeuge und Hilfsmit-tel etc.

SPC-Anwendung: Hat sich ein Prozess als fähig und ge-führt gezeigt, kann das Auftreten von Fehlern nahezu aus-geschlossen werden. Prüfungen sind damit hinfällig. Durch regelmäßige Entnahme von Stichproben muss lediglich fest-gestellt werden, ob der Prozess Tendenzen zeigt, den zuläs-sigen Toleranzkorridor zu verlassen, und Inputparameter entsprechend angepasst werden müssen. Da diese Korrek-turen erfolgen, bevor überhaupt Toleranzgrenzen tangiert werden, tritt kein Ausschuss mehr auf.

Weitere Informationen zur Statistischen Prozesssteuerung und zu Six Sigma finden Sie im Pocket-Power-Band 002 [THEDEN 2005].

3.3.3 Prozess-FMEA

WORUM GEHT ES?

Die in Abschnitt 2.3.2 dargestellte Vorgehensweise der Fehlermöglichkeits- und -einflussanalyse kann auch als Instrument zur Prozessoptimierung eingesetzt werden. Als Prozess-FMEA bietet sie die Möglichkeit, wesentliche Fehlerquellen im Prozess systematisch aufzuspüren und Maßnahmen zur Fehlerabstellung einzuleiten.

WAS BRINGT ES?

Viele Prozesse sind bei Weitem nicht hinreichend stabil, um eine SPC-Anwendung in Betracht ziehen zu können. Dennoch ist es wünschenswert, auch hier eine Fehlerreduktion zu erzielen. Die Prozess-FMEA stellt ein robustes Instrument dar, um auch in Dienstleistungsprozessen, wo typischerweise wenig auswertbares Zahlenmaterial vorliegt, schnell wesentliche Fehlerursachen zu erkennen und entsprechende Konsequenzen daraus zu ziehen.

WIE GEHE ICH VOR?

Das Vorgehen zur Prozess-FMEA erfolgt völlig analog zum in Abschnitt 2.3.2 dargestellten Vorgehen bei der Konstruktions- bzw. System-FMEA:

▶ Finden möglicher Fehler.
▶ Feststellung von Fehlerbedeutung B, Auftretenswahrscheinlichkeit A und Wahrscheinlichkeit der Fehlerentdeckung vor Auslieferung an den Kunden E. Berechnung der Risikoprioritätszahl RPZ = A · B · E.
▶ Auswahl der kritischen Fehler und Durchführung von Fehlerabstellmaßnahmen.

Auftretenswahrscheinlichkeit (Prozess-FMEA)	Häufigkeit	A
Unwahrscheinlich Toleranzgrenzen liegen außerhalb $\pm$ 6.0 σ Toleranzgrenzen liegen außerhalb $\pm$ 4.5 σ	0 1/150 000	1 2
Sehr gering Toleranzgrenzen liegen außerhalb $\pm$ 4,0 σ Toleranzgrenzen liegen außerhalb $\pm$ 3,5 σ	1/10 000 1/2 000	3 4
Gering Toleranzgrenzen liegen außerhalb $\pm$ 3,0 σ Toleranzgrenzen liegen außerhalb $\pm$ 2,5 σ	1/400 1/100	5 6
Mäßig Toleranzgrenzen liegen außerhalb $\pm$ 2,25 σ Toleranzgrenzen liegen außerhalb $\pm$ 2,0 σ	1/40 1/20	7 8
Hoch Es ist nahezu sicher, dass Fehler in größerem Umfang auftreten werden.	< 1/10 > 1/10	9 10

Tab. 5: *Auftretenswahrscheinlichkeit (A) bei Prozess-FMEA*

Da komplexe Prozesse typischerweise höhere Fehlerauftretenswahrscheinlichkeiten als vergleichsweise einfache Produkte aufweisen, sind in Tabelle 5 entsprechend angepasste Werte für die Auftretenswahrscheinlichkeit A angeführt. Je nach Art des untersuchten Prozesses und des vorliegenden Datenmaterials können dabei entweder die σ-Werte oder die angegebenen Häufigkeiten des Fehlerauftretens verwendet werden. Fehlerbedeutung B und Entdeckungswahrscheinlichkeit E weisen keinen Unterschied zur Konstruktions- bzw. System-FMEA auf und können daher den Tabellen 1 und 3 entnommen werden.

Bei der Optimierung von Dienstleistungsprozessen ist zu beachten, dass Dienstleistungen oft in direktem Kontakt zum

Kunden erfolgen und dementsprechend die Entdeckungswahrscheinlichkeiten dort häufig zehn betragen, was zu generell höheren Risikoprioritätszahlen führt. Dies ist bei der
Interpretation der Risikoprioritätszahlen zu berücksichtigen.

4   Checkliste Qualitätsplanung

Diese Checkliste dient als Anhaltspunkt zur Beurteilung von Qualitätsmanagementsystemen und gleichzeitig als Orientierungshilfe für diesen Pocket-Power-Band.

Frage 1: Wissen Sie, welche strategische Positionierung Ihr Unternehmen anstrebt, welche Qualitätsforderungen daraus resultieren und wie diese erreicht werden sollen?

❏   Ja   → weiter mit Frage 2
❏   Nein   → weiter mit Frage 1.1

Frage 1.1: Wissen Sie, welche strategische Positionierung Ihr Unternehmen anstrebt?

❏   Ja   → weiter mit Frage 1.2
❏   Nein   → lesen Sie Abschnitt 1.1

Frage 1.2: Wissen Sie, welche Qualitätsforderungen aus der strategischen Positionierung Ihres Unternehmens resultieren?

❏   Ja   → weiter mit Frage 1.3
❏   Nein   → lesen Sie Abschnitt 1.2

Frage 1.3: Wissen Sie, wie diese Qualitätsforderungen erfüllt werden sollen?

❏   Ja   → weiter mit Frage 2
❏   Nein   → lesen Sie Abschnitt 1.3

Frage 2: Muss sich Ihr Unternehmen am Markt durch überdurchschnittliche Produkt-/Servicequalität auszeichnen?

❏   Ja   → weiter mit Frage 2.1
❏   Nein   → weiter mit Frage 3

Frage 2.1: Kennen Sie die Basis- und Leistungsforderungen Ihrer Kunden und verfügen Sie über Ideen, wie Sie Kundenbegeisterung erzeugen können?

❏   Ja   → weiter mit Frage 2.2
❏   Nein   → lesen Sie Abschnitt 2.1

Frage 2.2: Wissen Sie, welche Qualitätsforderungen Ihrer Kunden unbedingt umgesetzt werden müssen und welche eher als nice to have einzustufen sind?

❏   Ja   → weiter mit Frage 2.3
❏   Nein   → lesen Sie Abschnitt 2.2

Frage 2.3: Verfügen Sie über einen definierten Entwicklungsprozess, der sicherstellt, dass die als wesentlich erkannten Qualitätsforderungen auch umgesetzt werden?

❏   Ja   → weiter mit Frage 3
❏   Nein   → lesen Sie Abschnitt 2.3

Frage 3: Muss sich Ihr Unternehmen am Markt durch günstige Preise auszeichnen?

❏   Ja   → weiter mit Frage 3.1
❏   Nein   → ENDE

Frage 3.1: Kennen Sie die maximal zulässigen Kosten für Ihre Produkte und Prozesse?

❏   Ja   → weiter mit Frage 3.2
❏   Nein   → lesen Sie Abschnitt 3.1

Frage 3.2: Haben Sie Schwierigkeiten, die zulässigen Herstellkosten Ihrer Produkte zu erreichen, ohne die Erreichung von Qualitätszielen zu gefährden?

❏ Ja   → lesen Sie Abschnitt 3.2
❏ Nein   → weiter mit Frage 3.3

Frage 3.3: Haben Sie Schwierigkeiten, Zielkostenrahmen für allgemeine Unternehmensprozesse einzuhalten, ohne die Erreichung von Qualitätszielen zu gefährden?

❏ Ja   → lesen Sie Abschnitt 3.3
❏ Nein   → ENDE

Literatur

Benz, C.: Bewerberauswahl für den internen Kunden. In: Personal-wirtschaft 07 (2006), S. 40–44

Benz, C.: Das Kompetenzprofil des Hochschullehrers. Zur Bestimmung der Kompetenzanforderungen mittels Conjointanalyse. Aachen, Shaker 2005

Buzzell, R. D.; Gale, B. T.: Das PIMS-Programm – Strategien und Unternehmenserfolg. Wiesbaden, Gabler 1989

Deming, W. E.: Out of the Crisis. McGraw-Hill Education 1986

Dinger, H.: Target Costing. Praktische Anwendung im Entwicklungsprozess. Pocket-Power-Band 114, 2. Auflage, München, Wien, Hanser 2002

Füermann, T.; Dammasch, C.: Prozessmanagement. Anleitung zur Steigerung der Wertschöpfung. Pocket-Power-Band 012, 2. Auflage, München, Wien, Hanser 2002

Kamiske, G. F.; Brauer, J.-P.: Qualitätsmanagement von A – Z. 6. Auflage, München, Wien, Hanser 2007

Kano, N.; Seraku, N.; Takahashi, F.; Tsuji, S.: Attractive Quality and Must-Be Quality. In: Quality (JSQC), Vol. 14 (1984) Nr. 2, S. 39–48

Kaplan, R. S.; Norton, D. P.: In Search of Excellence – der Maßstab muß neu definiert werden, in: HARVARDmanager 4/1992, S. 37–46

Kaplan, R. S.; Norton, D. P.: Strategy Maps. Der Weg von immateriellen Werten zu materiellem Erfolg. Stuttgart, Schäffer Poeschel 2004, S. 27–49

Schmitt, R.; Pfeifer, T. (Hrsg.): Masing – Handbuch Qualitätsmanagement. 5. Auflage, München, Wien, Hanser 2007

Meister U.; Meister H.: Kundenzufriedenheit messen und managen. Kundenwünsche punktgenau umsetzen. Pocket-Power-Band 203, München, Wien, Hanser 2002

Parkinson, C. N.: Parkinsons Gesetz und andere Untersuchungen über die Verwaltung, Düsseldorf, Verlagsanstalt Handwerk 2005

Porter, M. E.: Wettbewerbsstrategie (Competitive Strategy). 10. Auflage, Frankfurt, New York, Campus 1999, S. 70–85

Preißner, A.: Balanced Scorecard anwenden. Pocket-Power-Band 305, 2. Auflage, München, Wien, Hanser 2007

Steinmann, H.; Schreyögg, G.: Management. Grundlagen der Unternehmensführung. 5. Auflage, Wiesbaden, Gabler 2000, S. 251–254

Theden, P.; Colsman H.: Qualitätstechniken. Werkzeuge zur Problemlösung und ständigen Verbesserung. Pocket-Power-Band 002, 4. Auflage, München, Wien, Hanser 2005

Wilmes, D.; Radke, P.; Aurich, M.: TQM-gerechtes Controlling (CO 7). Sieben Controllingbausteine für die Koordination TQM-geführter Unternehmen. Pocket-Power-Band 016, 2. Auflage, München, Wien, Hanser 2000, S. 75–81

Anhang: Projekthandbuch

Die Einführung eines umfassenden Qualitätsplanungssystems stellt ein Projekt dar, welches auch bei kleineren Unternehmen mehrere Jahre in Anspruch nehmen kann. Systematisches Projektmanagement ist deshalb eine unabdingbare Voraussetzung, um über einen derart langen Zeitraum das Ziel nicht aus den Augen zu verlieren. Als Hilfestellung hierzu sind im Folgenden die wichtigsten Dokumente zur Projektsteuerung dargestellt. Dabei wurde das Standard-Projekthandbuch der IPMA – International Project Management Association – zu Grunde gelegt. Ziel des dargestellten Projekts ist die Einführung eines nachhaltigen Qualitätsplanungssystems bei einem mittelständischen Unternehmen aus dem Bauzulieferbereich, das Lichtschalter, Steckdosen u.ä. herstellt und sowohl über den Groß- und Einzelhandel, als auch direkt an Bauträger vertreibt. Projektanlass sind im Rahmen einer ISO 9001-Zertifizierung festgestellte Schwachstellen im Bereich Qualitätsplanung, welche langfristig behoben werden müssen.

Projektauftrag

Der Projektauftrag ist das wichtigste Dokument im Projekt (Bild A.01). In ihm sind die zu erreichenden Ziele, verfügbare Ressourcen, Verantwortlichkeiten und Rahmentermine geregelt. Obwohl der Projektanlass hier von außen gegeben ist (Mängelbehebungsauftrag der Zertifizierungsstelle und Anweisung der Geschäftsleitung), ist der Projektauftrag grundsätzlich vom Projektleiter selbst zu erstellen – er trägt letztlich die Verantwortung dafür, dass die gesetzten

PROJEKT-AUFTRAG	Erstellt von: *B. Büller* Änderungsstand: *0.1* Datum: *04.10.2008*
Projektstartereignis: *Re-Zertifizierungsbericht 2008 fordert verbesserte Q-Planung*	Projektstarttermin: *30.09.2008*
Projektendereignis: *Die Qualitätsplanung ist integrierter Teil der Jahresplanung* Formal/Inhaltlich: *Re-Zertifizierungsbericht 2012 erwähnt Q-Planung nicht*	Projektendtermin: *31.01.2011*
Projektziele: *Aufbau eines Qualitätsplanungssystems, welches der operativen Realisierung strategischer Vorgaben dient.*	Nicht-Projektziele: *Veränderung des Strategieplanungsprozesses* *Auswahl und Beschaffung von Softwaresystemen*
Hauptaufgaben (Projektphasen): *Strategieklärung* *Auswahl v. Planungsinstrumenten* *Mitarbeiterschulung* *Prozesssicherung*	Projektressourcen und -kosten: Personal:　　　*5 MJ* Budget:　　　*20' €* andere:　　　*keine*
Projektauftraggeber: *Carla Boss* *(GL-Mitglied für den Bereich Planung/Produktentwicklung)*	Projektleiter: *Fritz Mustermann* *(Abt. Produktentwicklung)*
Projektteam: *Hugo Herrlich (Leiter Marktforschung)* *Franka Franke (stellv. Produktionsleiterin)* *Benno Braun (Abt. Planung/Organisation)* *Simona Sillich (QS-Verantwortliche)*	
B. Boss Name (Projektauftraggeber)	*M* Name (Projektleiter)

Bild A.01: *Projektauftrag*

Ziele mit den vereinbarten Ressourcen auch erreicht werden. Vom Auftraggeber ist der Projektauftrag allenfalls zu skizzieren – die Details werden vom Projektleiter geplant und in Verhandlungen mit dem Auftraggeber abgestimmt.

Projektumwelten-Grahik

Die Projektumwelten-Graphik setzt das Projekt in Beziehung zu anderen Projekten, Prozessen oder Personen (Bild A.02). Sie stellt eine einfache Möglichkeit dar, das Projekt in sachlicher und sozialer Hinsicht abzugrenzen. Die Abbildungsgröße der jeweiligen Projektumwelt ist von deren Bedeutung für das Projekt abhängig. Wichtige Ansprechpersonen, Kommunikationsmaßnahmen und Abstimmungsbedarfe werden so erkannt. Zweck der Projektumwelten-Graphik ist es, frühzeitig mögliche Konfliktpotenziale zu erkennen und Korrekturmaßnahmen einzuleiten bzw. im Fortgang der Projektplanung zu berücksichtigen. In unserem Fall ist es in erster Linie das bestehende Planungssystem, das durch die Einführung der Qualitätsplanung verbessert werden soll, welches hier zu berücksichtigen ist. Des Weiteren spielt die Personalentwicklung eine wichtige Rolle, da die einzuführenden Planungsinstrumente in der Regel für das Unternehmen neu sind und entsprechende Kenntnisse erst aufgebaut werden müssen.

Projektorganigramm

Da in der Regel im Projektauftragsformular nur Projektleiter, Auftraggeber und – bei kleineren Projekten – die Mitglieder des Projektteams genannt sind, ist es sinnvoll weitere Personen, die für das Projekt von besonderer Bedeutung sind, anhand eines Projektorganigramms darzustellen (Bild A.03).

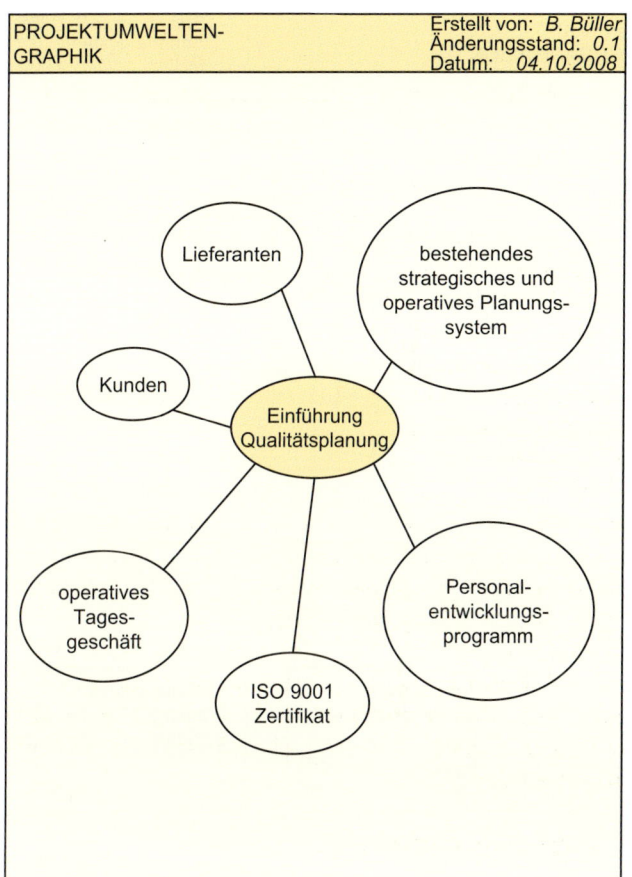

| PROJEKTUMWELTEN-GRAPHIK | Erstellt von: *B. Büller*
Änderungsstand: *0.1*
Datum: *04.10.2008* |

Bild A.02: *Projektumwelten-Graphik*

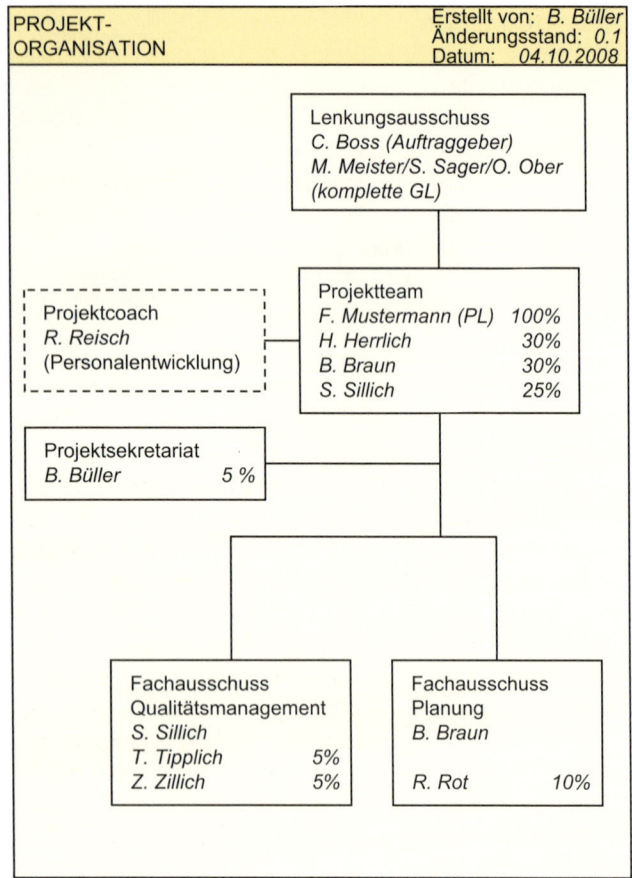

Bild A.03: *Projektorganigramm*

Das Projektorganigramm bietet Raum zur Definition weiterer Rollen im Projekt z. B. eines Lenkungsausschusses zur Unterstützung des Projektauftraggebers oder von Fachausschüssen zur Unterstützung des Projektteams. Mit der Angabe von voraussichtlich für das Projekt einzusetzenden Stellenprozenten oder Mitarbeiterjahren (MJ) im Projektorganigramm ist ein erster Schritt zur Ressourcenplanung vollzogen.

Projektstrukturplan

Das bedeutendste Dokument nach dem Projektauftrag ist der Projektstrukturplan, häufig abgekürzt als PSP oder WBS (Work Breakdown Structure) bezeichnet (Bild A.04). Im Projektstrukturplan wird die Projektaufgabe in Einzelaufgaben unterteilt und diese werden hierarchisch strukturiert. Damit entsteht ein Gesamtüberblick über die zur Erreichung des Projektziels abzuarbeitenden Aufgaben. Die unterste Aufgabenebene wird als Arbeitspaket (AP) bezeichnet. Durch Zuordnung von Verantwortung und – in Folge – Ressourcen und Terminen zu jedem einzelnen Arbeitspaket wird der Projektstrukturplan zum zentralen Planungs- und Kontrollinstrument im Projekt. Sofern dies notwendig erscheint, kann für jedes Arbeitspaket eine separate Arbeitspaket-Spezifikation erstellt werden, in der Inhalt und Ergebnis des Arbeitspakets beschrieben sind und definiert ist, anhand welcher Indikatoren der Arbeitsfortschritt innerhalb des Arbeitspaketes gemessen wird. Beispielhaft ist die Arbeitspaketspezifikation für AP 34 „Dokumentation" in Bild A.05 dargestellt.

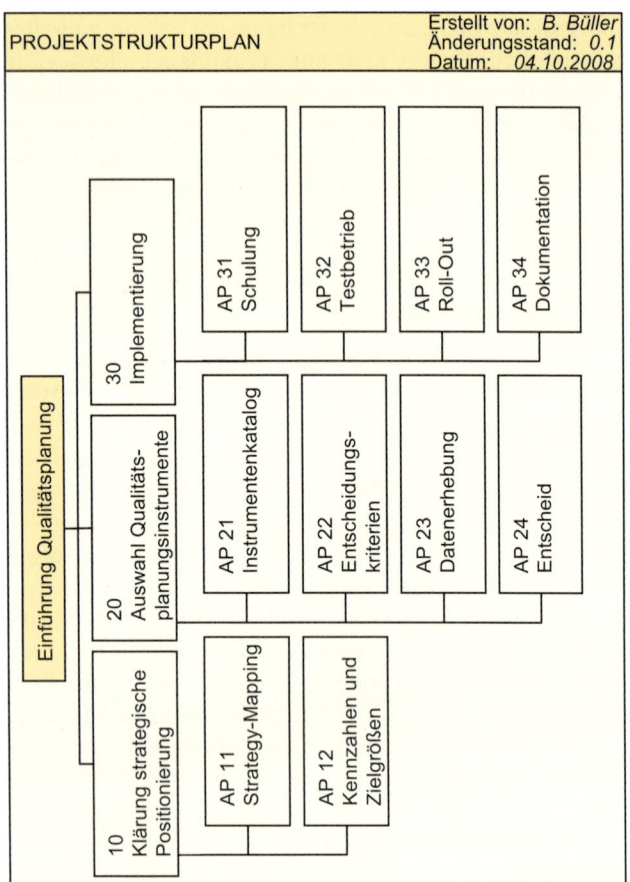

Bild A.04: *Projektstrukturplan*

ARBEITSPAKET-SPEZIFIKATION	Erstellt von: *B. Büller* Änderungsstand: *0.1* Datum: *04.10.2008*
AP 34 *Dokumentation*	AP-Inhalt *Kontinuierliche Aufzeichnung des Projektfortschritts zum Zwecke der Nachvollziehbarkeit der Entscheidungsfindung und des Ressourcenverbrauchs. Sicherung der Projektergebnisse.*
	AP-Ergebnisse 1. *Kurzprotokolle sämtlicher Sitzungen von Projektteam, Lenkungsausschuss und Fachausschüssen* 2. *Projekt-Zwischenberichte und Präsentationen zum Projektstand zu den im Meilensteinplan definierten Zeitpunkten* 3. *Projektabschlussbericht* 4. *Dokumentation des erarbeiteten Qualitätsplanungssystems in nach ISO 9001 zertifizierter Form*
	AP-Leistungsfortschrittsmessung *Innerhalb des AP 34 erfolgt keine direkte Leistungsfortschrittsmessung. Jedoch kann keines der anderen Arbeitspakete auf den Status „Abgeschlossen" gesetzt werden, wenn die Dokumentation nicht erfolgt ist.*

Ressourcen (PLAN)			Ressourcen (IST)		
MJ	Kosten	andere	MJ	Kosten	andere
0.2	*-*	*-*	*0.02*	*-*	*-*

AP-Beginn *01.10.2008*	AP-Ende *15.01.2011*
AP-Verantwortlich	*F. Mustermann*

Bild A.05: *Arbeitspaketspezifikation (Beispiel)*

Projekt-Meilenstein- und -balkenplan

Aus dem Projektstrukturplan lassen sich meist ohne Weiteres die wichtigsten Zwischenziele des Projekts ableiten, welche als Meilensteine bezeichnet werden. Meilensteintermine dienen der Begutachtung des Projektfortschritts durch den Auftraggeber bzw. den Lenkungsausschuss. Dort werden Entscheide über Fortführung bzw. Änderung oder Abbruch des Projekts getroffen, und allfällige grobe Zeit- oder Kostenüberscheitungen werden diskutiert. Bild A.06 zeigt den Meilensteinplan für das vorliegende Qualitätsplanungsprojekt und Bild A.07 das gesamte Projekt in Form eines Balkenplans. Mittels dieser Darstellungen können Ressourcenverbräuche und Kosten – sofern diese im Zuge der Projektstrukturplanung bzw. Arbeitspaketspezifikation geplant wurden – auch zeitlich zugeordnet werden. Damit ist die Basis für kontinuierliche Soll-Ist-Vergleiche und zielorientiertes Arbeiten am Aufbau des Systems zur integrierten Qualitätsplanung gelegt.

PROJEKT-MEILENSTEINPLAN		Erstellt von: *B. Büller* Änderungsstand: *0.1* Datum: *04.10.2008*		
PSP-Code	Meilenstein	Basis-Termine	Aktuelle Plantermine	Ist-Termine
AP 11	*Aktueller Strategy-Map liegt vor und ist mit Geschäftsleitung abgestimmt*	23.12.08		
AP 12	*Kennzahlen und Zielgrößen sind in Langfristplanung 2010 – 2015 integriert*	13.03.09		
AP 21	*Mögliche Q-Planungsinstrumente sind erfasst und kurz beschrieben*	29.05.09		
AP 22	*Entscheidungskriterien bzgl. Eignung und Notw. v. Planungsinstrumenten sind def.*	15.06.09		
AP 23	*Relevante Entscheidungsdaten stehen zur Verfügung*	25.06.09		
AP 24	*Geeignete und benötigte Q-Planungsinstrumente sind ausgewählt*	30.06.09		
AP 31	*Die betroffenen Mitarbeiter kennen das System und beherrschen die Instrumente*	31.01.11		
AP 32	*Erfahrungen aus einem Pilotbereich liegen vor*	31.03.10		
AP 33	*Qualitätsplanung ist unternehmensweit eingeführt*	31.01.11		
AP 34	*Projektverlauf und -ergebnis sind dokumentiert*	31.01.11		

Bild A.06: *Projekt-Meilensteinplan*

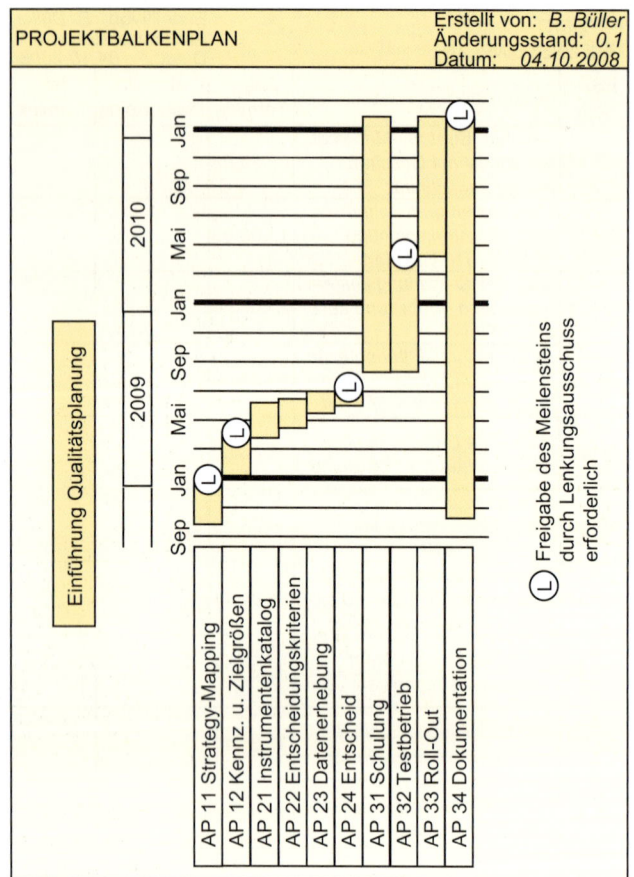

Bild A.07: *Projektbalkenplan*

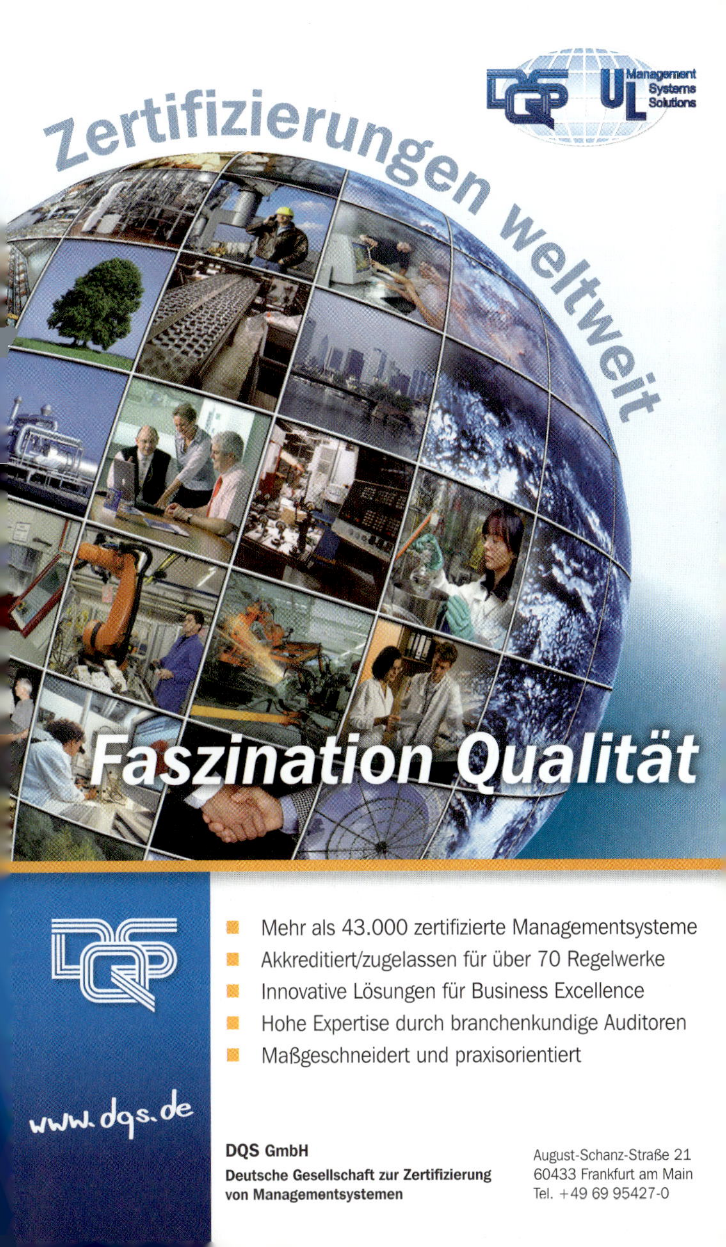

DQS UL Management Systems Solutions
Zertifizierungen weltweit
Faszination Qualität
Mehr als 43.000 zertifizierte Managementsysteme
Akkreditiert/zugelassen für über 70 Regelwerke
Innovative Lösungen für Business Excellence
Hohe Expertise durch branchenkundige Auditoren
Maßgeschneidert und praxisorientiert
www.dqs.de
DQS GmbH
Deutsche Gesellschaft zur Zertifizierung von Managementsystemen
August-Schanz-Straße 21
60433 Frankfurt am Main
Tel. +49 69 95427-0

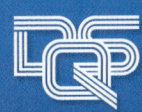